ABDOUL DALI TRAORE

PLAIDOYER ANTI-CHASSE DE L'ESPÈCE ANIMALE PROTÉGÉE

ABDOUL DALI TRAORE

PLAIDOYER ANTI-CHASSE DE L'ESPÈCE ANIMALE PROTÉGÉE

UNE CONTROVERSE ENVIRONNEMENTALE. - UN DANGER POUR L'HOMME

Éditions Vie

Imprint
Any brand names and product names mentioned in this book are subject to trademark, brand or patent protection and are trademarks or registered trademarks of their respective holders. The use of brand names, product names, common names, trade names, product descriptions etc. even without a particular marking in this work is in no way to be construed to mean that such names may be regarded as unrestricted in respect of trademark and brand protection legislation and could thus be used by anyone.

Cover image: www.ingimage.com

Publisher:
Éditions Vie
is a trademark of
Dodo Books Indian Ocean Ltd. and OmniScriptum S.R.L publishing group

120 High Road, East Finchley, London, N2 9ED, United Kingdom
Str. Armeneasca 28/1, office 1, Chisinau MD-2012, Republic of Moldova, Europe
Printed at: see last page
ISBN: 978-613-9-59143-5

PLAIDOYER

ANTI-CHASSE DE L'ESPÈCE ANIMALE PROTÉGÉE.

UNE CONTROVERSE ENVIRONNEMENTALE.

UN DANGER POUR L'HOMME.

[1]

[1] **Image n°1/**

SOMMAIRE :

Préface

Plaidoyer anti-chasse de l'espèce animale protégée.

Une controverse environnementale. Un danger pour l'homme

La réflexion sur la place de l'homme sur notre planète et sa responsabilité à l'égard du vivant occupe plus que jamais le devant de la scène. Dans son « plaidoyer », Dali Abdoul TRAORE, axe son propos sur la place de l'Homme dans l'univers à dimension limitée de notre magnifique et fragile planète, rappelant que l'être humain n'est qu'un être vivant parmi d'autres. C'est pourquoi le choix de ce plaidoyer, aux mots parfois forts, aux mots parfois amplifiés, pour, comme l'indique l'auteur apporter sa contribution à cette nécessité d'une conscience qui commande, ce à quoi l'ouvrage entend apporter sa pierre.

Avançant à la manière des Indiens d'Amérique qui découvraient la soif de possession de l'homme blanc et s'étonnaient de leurs affirmations de propriété sur les rochers qui étaient là depuis bien plus longtemps qu'eux et le seront encore après leur disparition, Dali Abdoul TRAORE n'hésite pas à recourir à d'autres images, dont celles issues des Saintes Écritures que nous voulons mobiliser à notre tour ici, car nous oublions (les psychanalystes nous disent que le moi se croit immortel…) que « La terre aussi ne se vendra point à perpétuité, parce qu'elle est à moi, et que vous y êtes comme des étrangers à qui je la loue » (Lv, 26, 23). La vie est passage et tous les vivants sont, *in fine*, dans une même situation. Et pour les humains, le sol, même si des titres juridiques circulent, n'appartient en propre à aucun individu en son unicité. « (…) la terre vous servira de demeure et d'usufruit temporaire », indique dans un même esprit *Le Coran* (Sourate II, 34). L'image de l'usufruit est de toutes les cultures : au Ghana, si les vivants ont un droit sur la terre, il n'est que d'usufruit, soit collectif, soit individuel, qui se transmet et se cède ; mais la propriété de la terre est celle des ancêtres (P. Alexandre, L'Ouest naguère britannique, in Ethnologie régionale, I. Afrique, Océanie, éd. Gallimard, La Pléiade, 1972, p. 474).

Ce mouvement de restitution des fonds de terre à la Divinité a une dimension certes spirituelle, mais aussi une forte implication sociale (P.-J. Proudhon, Théorie de la propriété, Paris, Libr. internationale, 1866, p. 224) qui, de nos jours, rappellent à la responsabilité de l'espèce dominante sur la planète. Le temps n'est plus à commander à « nous rendre comme maîtres et possesseurs de la Nature » (Descartes, *Discours de la méthode*, 1637, VIe partie). La grandeur de l'homme, confronté à celle de la nature et au caractère unique dans l'univers, selon les connaissances actuelles de la vie et de l'espace tels que nous les connaissons, n'est plus dans sa domination et l'exploitation à outrance de tout ce qui l'entoure, mais dans la prise de conscience d'une responsabilité qui l'oblige. La Charte de l'environnement, que cite l'auteur, le met en exergue dans son préambule : « L'avenir et l'existence même de l'humanité sont indissociables de son milieu naturel. » Dali Abdoul TRAORE ne manque pas d'insister sur la responsabilité des gouvernements en particulier, dans cette exigence.

Mais ce sont les animaux sauvages protégés et la faune dont l'auteur entend faire le point focal de sa démonstration et un message destiné aux défenseurs de la chasse.

Si les enjeux de la biodiversité et, par suite, l'adaptation de la chasse aux contraintes environnementales de notre espace y sont prépondérants, le ton choisi par l'auteur est souvent direct et n'est pas sans parti pris, affiché et assumé.

Dali Abdoul TRAORE entend présenter les causes de la réduction de l'espèce animale sauvage et porter la parole des animaux en partageant avec le lecteur ce proverbe africain : « Aussi longtemps que les lions n'auront pas d'historiens, les récits tourneront toujours à la gloire du chasseur ! ». Les lions ont trouvé un porte-parole et les récits frémissent : ils ne tournent plus, désormais, à la gloire de ceux qui, pour de folles considérations, tuent sans savoir. Désormais, ils sauront. Car Dali Abdoul TRAORE parcourt l'ensemble des interrogations de base de la question ; elles pourront être approfondies chacune pour sa part. En cela, il construit un pont, certes non pas de pierre, mais un lien entre les humains et ceux qui partagent leur espace le temps d'une vie partagée. Si le poids économique du secteur de la chasse est estimé à 2,2 milliards d'euros, il faut, en comparaison, rappeler que la redevance télévisuelle publique qui vient d'être supprimée rapportait plus de 3 milliards…

Or, au-delà de la régulation de l'espèce animale protégée, soit par les gardes de la faune sauvage (pouvoirs publics) soit par le prédateur naturel de l'espèce animale, comme nous le présente l'auteur, est scandé le chiffre massif et imparable dans le manque de préservation de la biodiversité : 60 % des espèces sauvages de notre planète ont disparu en l'espace de 40 ans et le rythme actuel ne peut conduire à se contenter de discours. Il est d'ailleurs à remarquer que, interdite en divers endroits dont le canton de Genève en Suisse, depuis 47 ans, la chasse par sa disparition n'a, semble-t-il, pas créé de vide, bien au contraire, en disparaissant.

Dali Abdoul TRAORE parcourt aussi les questions juridiques traditionnelles telles, la nature juridique de l'animal et la responsabilité, tant civile que pénale, de l'homme à l'égard des atteintes qu'il peut porter à l'animal. Mais Dali Abdoul TRAORE ajoute aussi ce qu'il nomme ses « demandes » dont le contenu pourra alimenter réflexions nouvelles et propositions normatives concrètes, à la lumière de l'appel éthique proposé par celui qui nous invite ici à changer notre rapport de force avec l'animal pour aller vers un rapport au monde différent.

Nous ne sommes plus alors dans l'ontogenèse, mais bien installés sur le chemin de la phylogenèse.

Yves Strickler
Agrégé des Facultés de droit
Professeur à l'Université Côte d'Azur
Nice, 02 août 2022

REMERCIEMENTS

À M. Yves STRICKLER pour l'Honneur de m'accorder son encadrement. D'avoir éveillé ma sensibilité à la cause animale durant ses cours de droit des Biens du deuxième cycle de la Faculté internationale de droit comparé, promotion Roland Drago. Je mesure la portée de son amitié.

À Mme Marie-Pierre CAMPROUX-DUFFRÈNE pour m'avoir permis d'avoir plus de précision sur le droit de l'environnement.

À Mme FABIEN Responsable de la scolarité de la Faculté de droit, de sciences politiques et de gestion de Strasbourg pour ses conseils.

À Tous ceux qui se reconnaîtrons à travers cet ouvrage.

À tous les chasseurs qui acceptent de baisser armes pour ne plus tuer volontairement les animaux sauvages et tuer involontairement des humains.

Soyez-en tous, infiniment remerciés, avec ma Très Haute considération.

Dali Abdoul TRAORE

INTRODUCTION

L'Homme est un être vivant parmi d'autres vivants, le respect de notre identité écologique ainsi que celle de l'animal, s'avère nécessaire pour la sauvegarde de l'environnement. Dès lors il faut apporter notre contribution à cette nécessité[2], ce à quoi nous nous attacherons dans cet ouvrage. Par principe de précaution, afin de sauvegarder des intérêts essentiels, il convient de recommander – aux gouvernements en particulier – de prendre, à titre préventif, des mesures conservatoires propres à empêcher la réalisation d'un risque éventuel, ceci avant même de savoir avec certitude que le danger contre lequel on se prémunit constitue une menace effective. Il paraît évident que la question se pose en cas d'incertitude scientifique[3]. Il suffit pour cela de se reporter à l'article 5 de la Charte de l'environnement. Le préambule de ladite Charte attire notre attention sur le fait que : « L'avenir et l'existence même de l'humanité sont indissociables de son milieu naturel. Que la diversité biologique, l'épanouissement de la personne et le progrès des sociétés humaines sont affectés par certains modes de consommation ou de production et par l'exploitation excessive des ressources naturelles. Que la préservation de l'environnement doit être recherchée au même titre que les autres intérêts fondamentaux de la Nation ».
À cet effet, il faut informer de l'insuffisance juridique en tant que moyen de protection des animaux, plus particulièrement des animaux sauvages protégés[4] de la faune, dont la définition se fait par la négative au regard de celle de l'animal domestique [5], dans la mesure où : « si une espèce de la chaîne de la biodiversité disparaît c'est toute la chaîne de l'écosystème qui est menacée » ! L'espèce qui dépend de celle qui disparaît va disparaître elle aussi. Ainsi, toutes les autres espèces interdépendantes subiront un sort identique. Ce qui fait de la disparition de

---

[2] Article L. 411-2 du Code de l'environnement français
« Section première -conservation de sites d'intérêt géologique, d'habitats naturels, d'espèces animales ou végétales et de leurs habitats (Loi n° 2016-1087 du 8 août 2016, art. 149-i-2°-a). Résumé : public majeur, y compris de nature sociale ou économique ; (5° Pour des motifs qui comporteraient des conséquences bénéfiques primordiales pour l'environnement ; « d) A des fins de recherche et d'éducation, de repeuplement et réintroduction de ces espèces et pour des opérations de reproduction nécessaires ».

[3] Appel à communication - Colloque du 5/07/2019 : "le principe de précaution applicable dans le domaine de l'environnement et de la santé humaine en droit comparé" - Le blog des Comparatistes (over-blog.com)

[4] Une liste de ces espèces est régie par la partie législative du Code de l'environnement français, livre IV Faune et flore, Titre premier, chapitre premier, section I : *Préservation du patrimoine biologique (art. L. 411-1 à L. 411-6).*

[5] Une liste énumère les espèces domestiques, Arrêté du 11 août 2006 fixant la liste des espèces, races ou variétés d'animaux domestiques. V. égal. art. L. 214-6 du Code rural français qui définit l'animal de compagnie.

l'espèce animale protégée, l'un des enjeux de la biodiversité, un enjeu d'adaptation de la chasse aux évolutions environnementales de notre temps[6].

Le problème est que si l'animal sauvage cause les mêmes dommages (accident de la route, dommage agricole) susceptibles d'être causés par l'homme, ou apparaît dans le milieu d'habitation ou agricole de l'homme, dans une logique de biodiversité, le concept de « nuisible » devient plus relatif. Dire que l'on ne peut négocier avec eux permet de recourir sans états d'âme à la force et par conséquent à l'abattage même s'il relève d'une espèce protégée. S'il est prédateur, cela n'a pour but que son alimentation et ... la survie de son espèce ; contrairement à l'homme.

Par ailleurs, il y a lieu de dire que les conséquences de la crise de la biodiversité reposent sur « le dérèglement climatique, la pollution, les inégalités sociales, y compris la disparition des espèces protégées, etc. » ! Les exemples ne manquent pas. Ainsi, le fait de construire une route en Amazonie, construire des usines et de continuer à massacrer des millions d'arbres non seulement détruit l'habitat naturel[7] et les ressources des indigènes, mais également chasse les

---

[6] Le XXe siècle a vu se multiplier les textes à vocation environnementale : loi du 2 mai 1930 relative à la protection des monuments naturels et des sites ; loi n° 68-1172 du 27 décembre 1968 relative à l'indemnisation des dégâts dus au grand gibier ; création du ministère de l'environnement en 1971 ; loi du 30 juillet 1963 instaurant le plan de chasse facultatif devenu obligatoire pour 5 espèces d'ongulés avec la loi du 29 décembre 1978 ; loi du 10 juillet 1976 relative à la protection de la nature ; loi 95-101 du 2 juillet 1995 relative au renforcement de la protection de l'environnement dite loi « Barnier » ; incorporation au sein de notre législation nationale de nombreuses conventions internationales : *Paris* du 19 mars 1902 relative à la protection des oiseaux utiles à l'agriculture ; *Ramsar* du 2 février 1971 relative aux zones humides d'importance internationale ; *Bonn* du 23 juin 1979 relative à la conservation des espèces migratrices appartenant à la faune sauvage ; *Berne* relative à la conservation de la vie sauvage et du milieu naturel en Europe ; *Rio* du 22 mai 1992 relative à la diversité biologique... et de textes européens, notamment les directives 79/409 et 92/43 ayant trait respectivement à la conservation des oiseaux sauvages en Europe et à la conservation des habitats naturels, de la faune et de la flore sauvages. Cité par Christophe Privat : « Quelques réflexions sur la loi du 26 juillet 2000 (*Gaz. Pal.*, Rec. 2000, légis. p. 473) relative à la chasse... », *Gaz. Pal.* 4 oct. 2001, n°277, p. 13.

[7] Souvent en méconnaissance de l'objectif de la directive Habitats et de l'article L. 411-1 du Code de l'environnement. Au motif de la présence d'intérêt public majeur. Voir :

- Cour administrative d'appel de Douai, 1re chambre, 15 octobre 2015, Ministère chargé de l'écologie c./Association « Écologie pour Le Havre », n° 14DA02064.
- Annulation partielle des arrêtés préfectoraux. Tribunal administratif de Pau, 27 mars 2008, Association SEPANSO Béarn, n°s 0600036, 06011727 et 0701742.

Ayant rappelé que l'ours figure parmi les espèces protégées sur le territoire national, ayant rappelé aussi les différentes dispositions visant à la conservation de l'ours, contenues dans les trois arrêtés déférés, le T.A. poursuit :

« Considérant qu'il ressort des pièces du dossier d'une part qu'un très petit nombre d'ours pyrénéens subsisterait dans le département des Pyrénées-Atlantiques, d'autre part que la battue collective est un mode de chasse très perturbant pour l'ours, dérangé dans sa période de pré-hibernation ou pendant son hibernation elle-même et exposé par ailleurs à cette occasion à une mort accidentelle »

« Considérant que le dispositif mis en place par l'administration pour protéger l'ours consiste en un simple système de déclaration préalable des battues, s'en remettant à l'information et à la responsabilisation des chasseurs, dont la fédération départementale a signé avec l'État, en août 2005, une « charte relative à la pratique de la chasse dans les Pyrénées prenant en compte la présence de l'ours brun », laquelle prévoit des actions de formation des chasseurs, notamment pour « prévenir les risques d'accident entre un chasseur et un ours », mais

ne contient elle-même aucune disposition contraignante ; qu'il en est de même du schéma de gestion cynégétique approuvé le 24 octobre 2006 ; que seules les mesures d'interdiction de chasser concernent la campagne 2007/2008 et uniquement en cas de localisation d'une femelle avec ourson ou d'un ours en tanière hivernale et ne concernent donc ni les ours en pré-hibernation ni les ours en tanière non localisée, ce qui est généralement le cas ; qu'ainsi aucun des arrêtés attaqués ne peut être regardé comme contenant des mesures nécessaires pour qu'une battue ne puisse être organisée sur un territoire fréquenté par un ours, seule modalité concrète de protection stricte de l'espèce menacée qui serait de nature à interdire sa "perturbation intentionnelle" et à éviter sa "destruction", au sens des dispositions sus rappelées du code de l'environnement »
« Considérant qu'il résulte de ce qui précède que les dispositions relatives aux mesures visant à la conservation de l'habitat de l'ours contenues dans les trois arrêtés préfectoraux attaqués, et qui sont divisibles de leurs autres dispositions, méconnaissent tant les objectifs de la directive Habitats que l'article L. 411-1 du code de l'environnement ; qu'il y a donc lieu de les annuler » (...)
« Considérant, d'autre part, que l'annulation prononcée par le présent jugement n'implique pas en elle-même la mise en réserve par les associations communales de chasse agréées d'une partie de leur territoire ; que par suite, les conclusions de la requête tendant à ce qu'il soit enjoint au préfet d'obliger lesdites associations à la pratiquer doivent être rejetées »
Quelques remarques : les dispositions du préfet des P.A. sont sérieusement éreintées, mais aussi la « Charte chasse massif » et même le Schéma de gestion cynégétique départemental ! C'est sans doute la première décision qui vient rappeler fermement les obligations juridiques de la FRANCE quant à la conservation de l'ours brun.
Sans cette pression associative, nous en serions encore à des mesurettes. Conclut Stéphan Carbonnaux,,
Par Baudouin de Menten « Chasse et ours : l'audience du Tribunal administratif de Pau », le 3 sept. 2008 : https ://www.buvettedesalpages.be/2008/09/audience-pau.html ;
consulté le 20/02/2022 via : https ://www.ecosia.org/
Les effets de la directive « Habitats » se sont aussi fait ressentir en droit français. C'est ainsi que la SEPANSO-Béarn a obtenu le 27 mars 2008 du Tribunal administratif de Pau que l'État prenne des dispositions concernant l'ours dans l'arrêté chasse des Pyrénées Atlantiques (en l'occurrence l'instauration de réserves de chasse temporaires).
Constatant, hélas, que l'État n'agit pour l'environnement, le plus souvent, que sous la contrainte, la SEPANSO a encore déposé deux recours devant le tribunal administratif de Pau. Le premier vise à faire reconnaître la responsabilité de l'État et de l'Institution Patrimoniale du Haut Béarn dans la disparition de la souche d'ours pyrénéenne. Le second a pour objectif de mettre fin à une aberration vieille de 43 ans qui fait que certaines communes béarnaises, incluses dans le Parc National des Pyrénées, touchent, depuis 1968, des indemnités pour privation de droit de chasse, tout en considérant que le Parc est un territoire de chasse puisque les associations cynégétiques locales y situent leurs réserves. Si la première initiative n'a pas abouti, la seconde est en bonne voie puisque le tribunal administratif de Pau nous a donné raison en estimant que les réserves d'ACCA ne pouvaient être situées dans le Parc National. Les ACCA ont fait appel mais, sans attendre le résultat, l'une d'elle s'est déjà dissoute pour se transformer en société de chasse afin de ne pas être obligée de créer de réserves.
Jean Lauzet, « La biodiversité se défend aussi devant les tribunaux », novembre 2011 : http ://www.sepanso64.org/spip.php?article108 ; consulté le 20/02/2022. Via : https ://www.ecosia.org/
Article L. 411-1 (mod. par Loi n° 2016-1087 du 8 août 2016) :
I. - Lorsqu'un intérêt scientifique particulier, le rôle essentiel dans l'écosystème ou les nécessités de la préservation du patrimoine naturel justifient la conservation de sites d'intérêt géologique, d'habitats naturels, d'espèces animales non domestiques ou végétales non cultivées et de leurs habitats, sont interdits :
1° La destruction ou l'enlèvement des œufs ou des nids, la mutilation, la destruction, la capture ou l'enlèvement, la perturbation intentionnelle, la naturalisation d'animaux de ces espèces ou, qu'ils soient vivants ou morts, leur transport, leur colportage, leur utilisation, leur détention, leur mise en vente, leur vente ou leur achat ;
2° La destruction, la coupe, la mutilation, l'arrachage, la cueillette ou l'enlèvement de végétaux de ces espèces, de leurs fructifications ou de toute autre forme prise par ces espèces au cours de leur cycle biologique, leur transport, leur colportage, leur utilisation, leur mise en vente, leur vente ou leur achat, la détention de spécimens prélevés dans le milieu naturel ;
3° La destruction, l'altération ou la dégradation de ces habitats naturels ou de ces habitats d'espèces ;
4° La destruction, l'altération ou la dégradation des sites d'intérêt géologique, notamment les cavités souterraines naturelles ou artificielles, ainsi que le prélèvement, la destruction ou la dégradation de fossiles, minéraux et concrétions présentes sur ces sites ;

animaux hors de leurs zones habituelles et les privent de leur alimentation. Mais, selon Anne Schroeder (libre opinion) : « si un Yankee ou un quelconque politicien véreux se faisait manger par un animal sauvage, ce serait un scandale mondial ». La chasse[8](opération de destruction[9])[10]est l'une des trois principales causes de la disparition de l'espèce animale parmi laquelle l'espèce protégée.

Des dommages liés à la cohabitation sont évoqués pour justifier, la régulation de la faune. Sans oublier le braconnage et le plaisir de tuer pour certains. À ce malheur, s'ajoute l'accusation portée contre certaines espèces protégées d'être responsables des dégâts dans les plantations, ce qui justifierait aussi la dérogation accordée pour les éliminer afin de réguler le sureffectif de l'espèce en cause.

Pendant ce temps les victimes de la chasse ne cessent d'augmenter. On passe sous silence que notre urbanisation et le développement des friches industrielles avec leurs corollaires, qui ont éloigné ces espèces de leurs habitats traditionnels, représentent également les deux causes principales de la disparition de l'espèce animale sauvage. Cela fera l'objet de la première partie de notre plaidoyer en faveur de l'animal menacé et constitue les faits de controverse environnementale et de danger pour l'Homme (I).

5° La pose de poteaux téléphoniques et de poteaux de filets paravalanches et anti-éboulement creux et non bouchés.

II. - Les interdictions de détention édictées en application du 1°, du 2° ou du 4° du I ne portent pas sur les spécimens détenus régulièrement lors de l'entrée en vigueur de l'interdiction relative à l'espèce à laquelle ils appartiennent.

[8]« Action de chasser, de poursuivre les animaux pour les manger ou les détruire ». Où : « Action de chasser, de guetter ou de poursuivre les animaux pour les prendre ou les tuer » dans le Larousse.
https ://www.larousse.fr/dictionnaires/francais/chasse/14854
Voir Texte relatif à la Chasse : Loi n° 2000-698 du 26 juillet 2000, *Gaz. Pal.*, Rec. 2000, légis. p. 473, J.O., n° 172 du 27 juillet 2000, p. 11542.Contient un certain nombre de mesures souhaitées par une majorité de gestionnaires de la nature et de chasseurs. Cité par Christophe Privat : « Quelques réflexions sur la loi du 26 juillet 2000 (Gaz. Pal., Rec. 2000, légis. p. 473) relative à la chasse... » *Gaz. Pal.* 4 oct. 2001, n°277, p. 13. *Idem* : Le premier et jusqu'à ce jour unique texte à vocation générale sur la chasse était la loi du 3 mai 1844. Ce texte était avant tout destiné à mettre en place des mesures de police de la chasse respectueuses du droit de propriété.

[9] Article L.427-6 du Code de l'environnement français.
« Chasse /chapitre vii – destruction des animaux d'espèces non domestiques et louveterie (L.n°2016-1087 du 8 août 2016, art.157-i-1°)./section première-mesures administratives/ sous-section2 -battues administratives. Résumé : public majeur, y compris de nature sociales ou économique ; (5° Pour des motifs qui comporteraient des conséquences bénéfiques primordiales pour l'environnement. « Ces opérations de destruction peuvent consister en des chasses, des battues générales ou particulières et des opérations de piégeage. »

[10] Régi par les dispositions de certains articles [*Titre II : Chasse (Articles L420-1 à L429-40)] du Code de l'environnement.* « Les espèces protégées en droit français sont les espèces animales et végétales dont les listes sont fixées par arrêtés ministériels en application du code de l'environnement.... Ainsi, on entend par espèces protégées toutes les espèces visées par les arrêtés ministériels de protection ».

Dans la mesure où les animaux ne parlent pas, tout du moins le langage humain, il s'agit de plaider leur cause[11]. Le proverbe africain nous apprend : « Aussi longtemps que les lions n'auront pas d'historiens, les récits tourneront toujours à la gloire du chasseur ! ».
C'est la raison pour laquelle nous avons décidé d'un plaidoyer anti-chasseur. Ainsi, le droit de chasse y compris le droit protecteur de l'espèce animale protégée se retrouve impuissant à dissuader de cette guerre contre l'espèce animale protégée en particulier et l'animal sauvage en général. Une approche préventive cognitive, éthique de reconnaissance de notre identité bioécologique, nous offrira certainement des solutions, pour réconcilier l'homme avec cette « humanité inachevée » et sauvegarder notre communauté écologique, notre environnement, les écosystèmes dans le sens plus large de la Directive Habitat-Faune-Flore[12]. Cet aspect sur le fond du droit constituera la deuxième partie de notre plaidoyer (II).

---

[11] Szczepan Yamenski, « 146 belles citations », biographie (ouest-france.fr) ; consulté le 05/10/2021.

[12] Directive 92/43/CEE du 21 mai 1992 modifiée par la directive 97/62/CEE concernant la conservation des habitats naturels ainsi que de la faune et de la flore sauvages.

I – LES FAITS DE CONTROVERSE ENVIRONNEMENTALE ET DE DANGER POUR L'HOMME

Les dommages générés par la cohabitation, un faux prétexte, ne sont que des conséquences l'augmentation de la population humaine, du développement de notre urbanisme et de nos industries (A). À cela s'ajoutent les aides accordées par l'Union européenne, l'État et les associations, sans les autres sommes que représentent les indemnités octroyées aux propriétaires pour contrebalancer les préjudices causés par les dégâts à leurs plantations ou parcs par les espèces protégées que d'autres nomment « grands prédateurs » (B).

A - Dommages dus à la cohabitation

Alors que la ville se veut un art d'aménagement des espaces habités selon COMBY,[13] la nouvelle ville émergente ne cesse de devenir plus « rurbanisée », c'est-à-dire avec une urbanisation qui s'étend de plus en plus vers des zones rurales. Ainsi on assiste à la création d'une succession de villes qui souffrent des mêmes problèmes de pollution (air, eaux, sols, nuisances sonores) et de nuisances (olfactives et sonores, etc…). Cette urbanisation et le développement des friches industrielles ont pour conséquence la destruction de la flore, des habitats pour les animaux sauvages ou non domestiques qui s'en trouvent toujours plus restreints : 85% de leur espace vital est détruit au profit de l'homme.

Au fil de l'augmentation de la population humaine et le développement ses activités (urbanisation et industrialisation), on assiste à une extension territoriale des humains et une intensification de la destruction des habitats des animaux sauvages. Il en résulte une promiscuité avec pour conséquence une interaction humaine et espèce animale, entrainant des pathologies de l'animal à l'homme[14]. Des virus mortels peuvent se propager au travers de la consommation de la viande sauvage. Ces animaux sauvages sont souvent atteints par les maladies mortelles des êtres humains. « L'épidémie d'Ebola de 1990 au Gabon a été déclenchée par la consommation de singes contaminés par le virus Ebola »[15]. Et en témoignent par le passé, le sida (les africains via les singes) ainsi que la pandémie de la peste (les rats sont vecteurs de la peste « La peste » d'Albert Camus). Et aujourd'hui, le coronavirus (importé par les chinois à travers la chauve-souris, mais à l'heure actuelle rien ne permet d'incriminer définitivement cet animal), la variole du Singe (cette maladie est une zoonose[16] - transmise à l'homme par

[13] COMBY JOSEPH, Mémento d'urbanisme, Paris, CRU 1978, p. 575.
[14] V., égal., Serge Morand, *L'homme, la faune sauvage et la peste*, Éditeur : Fayard (9 septembre 2020).
[15] PHILIPPA SUMNER, précité.
[16] Maladie infectieuse des animaux vertébrés transmissible à l'être humain (ex. la rage).

l'animal[17]). Marie-Monique Robin (journaliste d'investigation), quant à elle, défend l'idée que : « Les activités humaines, en précipitant l'effondrement de la biodiversité, ont créé les conditions d'une épidémie de pandémies ».
C'est ce qu'elle tend à démontrer dans son essai « La fabrique des pandémies »[18] mobilisant de nombreux travaux et des entretiens inédits avec plus de soixante chercheurs du monde entier. Son constat est sans appel : la destruction des écosystèmes par la déforestation, l'urbanisation, l'agriculture industrielle et la globalisation économique menace directement la santé planétaire. Cette destruction se trouve à l'origine des « zoonoses », transmises par des animaux aux humains : d'Ébola à la covid-19, elles font partie des « nouvelles maladies émergentes » qui se multiplient, par des mécanismes clairement expliqués dans ce livre. Elle souligne par ailleurs que, si rien n'est fait, d'autres pandémies, pires encore, suivront.
Les installations croissantes de fils électriques, la chasse illégale, la pollution, constituent la cause majeure de la disparition des aigles à tête blanche[19]. Tuer des animaux pour en faire un trophée, pour le plaisir de les tuer, ne vient que renforcer la disparition de certaines espèces[20].

Dès lors se pose le problème de leur cohabitation avec les humains. On constate une disparition de certaines espèces qui seront de ce fait classées en tant qu'espèces protégées. Dans cette perspective, la Directive Habitat[21] dispose dans son premier considérant que : 1: « la préservation, la protection et l'amélioration de la qualité de l'environnement, y compris la conservation des habitats naturels ainsi que de la faune et de la flore sauvages, constituent un objectif essentiel, d'intérêt général poursuivi par la Communauté comme prévu à l'article 130 R du traité (le traité instituant la Communauté économique européenne, et notamment son article 130 S).

Les accidents de la route[22] ainsi que la chasse font partie des causes de mortalité de ces espèces. À titre d'exemple, on peut citer le lynx, animal peureux et extrêmement discret, dont la

---

[17] Par Sébastian SEIBT, Suivre Vidéo par : Julie CHOUTEAU, « Pourquoi la propagation de la variole du singe dans le monde surprend », Ecran d'accueil de France 24, Publié le : 23/05/2022 - 18:01. https://www.france24.com/fr/santé/20220523-pourquoi-la-propagation-de-la-variole-du-singe-dans-le-monde-surprend ; consulté le 27/05/2022.

[18] Marie-Monique Robin, *La fabrique des pandémies. Préserver la biodiversité, un impératif pour la santé planétaire*, 04/02/2021, Chez La Découverte. Livre adapté sous la forme d'un documentaire.

[19] Voir : https ://www.fr24news.com/fr/a/2020/12/lincroyable-art-corporel-humain-sur-la-france-a-du-talent-vous-transportera-dans-la-jungle.html, consulté le 18/09/2021.

[20] *Ibid.*

[21] Directive 92/43/CEE du Conseil du 21 mai 1992 concernant la conservation des habitats naturels ainsi que de la faune et de la flore sauvages.

[22] Voir : Image n°2/ Voir Annexe N°3
Quand des Rhinos Angry - Mad Moment Rhinos se sont précipités pour attaquer des voitures - Rhinos Attack, Car, Buffalo, Lion,

cohabitation avec l'homme ne se fait pas sans lui poser de sérieux problèmes. Dans le Bulletin Lynx de mai 2016, Réseau lynx revenait sur les principales causes de mortalité de l'espèce en FRANCE. Il s'avère qu'entre 1974 et 2008, 127 corps de lynx ont été découverts sans vie. Voici les principales causes de cette mortalité :

- 58 % sont morts à la suite d'une collision sur route ou voie ferrée ;
- 16 % sont décédés de façon naturelle à la suite d'une maladie ;
- 12 % ont été victimes de braconnage[23].

Sur les 30 millions d'animaux sauvages sont tués chaque année, un tiers proviendrait d'animaux d'élevage destinés à la chasse Ainsi, un quart des animaux tués à la chasse provient d'élevages spécifiques. C'est le Syndicat National des Producteurs de Gibier de Chasse (SNPGC) qui l'affirme : « 14 millions de faisans ; 5 millions de perdrix grises et rouges ; 1 million de canards colverts ; 40 000 lièvres de FRANCE ; 100 000 lapins de garenne ; 10 000 cerfs ; 7 000 daims » sont produits chaque année en FRANCE. Au bas mot, 20 millions d'animaux sont élevés puis lâchés dans la nature pour être tirés à vue...[24]. C'est la même pratique dans les étangs pour les concours de pêche[25].

Il ressort de ce qui précède que les dommages dénoncés par les chasseurs ne s'avèrent constituer que des dommages collatéraux liés à la cohabitation.

Il ne s'agit pas ici de nier les attaques du loup[26] ni de l'ours qui ont jadis exposé les populations humaines à de terribles menaces ; les colonies d'insectes qui peuplaient les marais drainés se trouvaient autrefois à l'origine de maladies endémiques.

Tout autre, est le cas de la perruche qui s'est développée dans les zones rurales mais qui s'est aussi très bien adaptée à l'environnement urbain.

V.égal., Image n°3/ Voir Annexe N°3

Un gorille Silverback arrête la circulation pour traverser la route,

[23] Par Cécile Arnoud : « Le lynx en FRANCE, persona non grata ? », Publié le 21.03.2017 à 10h47 | Modifié le 03.04.2018 à 8h32 ; https ://www.especes-menacees.fr/actualites/lynx-france-persona-non-grata/ ; consulté le 24/02/2021.

[24] Voir article : « Des dégâts en hausse », Chasse : le cas des sangliers au cœur des conflits entre pro et anti chasse (lavoixdunord.fr).

[25] V. Source : Agreste, Salmoniculture en FRANCE. Ouverture de la pêche à la truite : « Merci les pisciculteurs ! ». mars 15, 2010.

Pisciculture en FRANCE : Elevage de truites (salmoniculture). Les salmonicultures continentales produisent aussi 47 millions d'alevins et truitelles dont 75 % par les piscicultures non commerciales pour le repeuplement.
https://aquaculture-aquablog.blogspot.com/2010/03/ouverture-de-la-peche-la-truite-merci.html

[26] Plutôt que de sombrer dans une mélancolie tiède (que veux-tu dire par là ?) face à la destruction du loup, on lira : J.M. Moriceau, Histoire du méchant loup.3000 attaques sur l'homme en FRANCE. XVe-XXe siècle, Fayard, 2007. Cité par Rémy Libchaber, « La souffrance et les droits. A propos d'un statut de l'animal », Chroniques Animal, Recueil Dalloz-13 février 2014, n° 6 p.381.

« Faut-il s'alarmer de la croissance du nombre de perruches ? La principale nuisance qu'elle occasionne semble être le bruit qu'elles provoquent. Mais il y a aussi un risque pour les autres espèces de la même niche écologique. « Y aura-t-il une compétition ? [interroge Julien Peynet.] Il est trop tôt pour le dire. » L'office national de la chasse et la faune sauvage tente bien de limiter leur nombre. « On fait un gros travail de prévention en demandant aux gens de ne pas les nourrir, indique Paul Hurel, ingénieur à l'ONCFS. On vise toujours l'éradication, mais quand ça atteint ce niveau-là c'est inatteignable. Cependant, la population de perruches a ensuite évolué de façon exponentielle, notamment au cours de la dernière décennie. Elles étaient environ 1 100 en 2008 »[27]. Philippe Clergeau, chercheur au muséum national d'histoire naturelle indique « en voir recensé 5 000 il y a deux ans »[28]. « On estime qu'il y en a entre 7 000 et 8 000 en 2018 », complète Olivier Païkine, chargé d'étude à la Ligue de protection des oiseaux (LPO)[29].

D'une part, on estime la raréfaction des petits animaux chassables, est due en grande partie à l'agriculture intensive, d'où le renforcement de l'intérêt du chasseur pour les sangliers.

Les chasseurs ont lâché des animaux provenant d'élevages. Ils les ont nourris dans la nature et ont pratiqué une chasse sélective en épargnant les femelles reproductrices. Ainsi, plus de 600 000 sangliers sont abattus chaque année en FRANCE, au nom de la « régulation ».

D'autre part, le développement des cultures intensives de maïs a profité aux sangliers qui en raffolent.

Par ailleurs, malgré la Circulaire n° 82-152 du 15/10/82 relative à la chasse, à la sécurité publique et à l'usage des armes à feu[30], depuis 2000, on a dénombré 3 325 accidents de chasse

---

[27] Thibault Chaffotte, « La perruche à collier a fait son nid en Ile-de-France », le 10 janvier 2018 à 19h21 https://www.leparisien.fr/val-d-oise-95/la-perruche-a-collier-a-fait-son-nid-en-ile-de-france-10-01-2018-7493478.php ; consulté le 27/07/2022.

[28] *Ibid.*

[29] Or la perruche à collier n'est pas une espèce protégée (arrêté du 29 octobre 2009). Elle n'est pas inscrite sur l'arrêté du 2 septembre 2016 relatif au contrôle par la chasse des populations de certaines espèces non indigènes et fixant, en application de l'article R. 427-6 du code de l'environnement, la liste, les périodes et les modalités de destruction des espèces non indigènes d'animaux classés nuisibles sur l'ensemble du territoire métropolitain.
La perruche à collier n'est pas inscrite au titre du règlement européen sur les EEE (L411-6), uniquement au L411-5 par l'arrêté du 14 février 2018 sur le territoire métropolitain (modifiant l'arrêté du 30 juillet 2010).
Mais, la perruche à collier n'est pas une espèce chassable (arrêté du 26/06/87 modifié). Répression 150 000 euros d'amende, 2 ans d'emprisonnement.
Source : MAILLARD JEAN-FRANÇOIS, « Perruche à collier règlementation et perspectives de gestion », Office française de la biodiversité (OFB), 2017/12. Image n°4/ Voir Annexe N°3.

[30] « Il est interdit de faire usage d'armes à feu sur les routes et chemins publics, ainsi que sur les voies ferrées ou dans les emprises ou enclos dépendant des chemins de fer.
Il est interdit à toute personne placée à portée de fusil d'une de ces routes, chemins ou voies ferrées, de tirer dans cette direction ou au-dessus.
Il est également interdit de tirer en direction des lignes de transport électrique ou de leurs supports.

en FRANCE, qui ont provoqué la mort de 421 personnes, selon les chiffres bruts fournis ce lundi 1er novembre 2021 par l'Office français de la biodiversité et la Fédération nationale de la chasse. Cela représente 158 accidents en moyenne chaque année, dont vingt sont mortels. Et en effet, sur la période étudiée, le nombre d'accidents a baissé de 40% et le nombre de décès de près de 70%. Mais selon nos confrères de franceinfo, les chiffres sont repartis à la hausse en 2020. Onze personnes ont été tuées en 2020, soit quatre de plus que l'année précédente.

Neuf fois sur dix, la victime est un chasseur, le tireur lui-même, ou un autre chasseur. Trois fois sur dix, il s'agit d'un « auto accident », c'est-à-dire une mauvaise manipulation du fusil ou une chute avec l'arme chargée. La majorité des accidents surviennent lors de la chasse au grand gibier à poil, comme les sangliers.

Selon franceinfo, les incidents, c'est-à-dire les dégâts uniquement matériels, étaient en baisse en 2020, après plusieurs années de fortes hausses. Par exemple, pour l'année 2018-2019, une trentaine de coups de feu contre des voitures ou des trains[31] ont été recensés. Quelque 74 habitations ont essuyé un tir. Cela peut aller de la vitre brisée à la cartouche retrouvée dans son salon. Les militants anti-chasse dénoncent le fait que ces incidents ne soient pas comptabilisés comme des accidents, de même que les tirs qui tuent ou blessent les animaux de compagnie. Ces incidents restent « très préoccupants », selon l'Office français de la biodiversité[32].

C'est bien, en moyenne, une vingtaine de personnes qui sont tuées chaque année par des chasseurs depuis deux décennies. En plus des quelque 20 millions d'animaux abattus annuellement.

En retraçant l'historique des données communiquées par l'Office français de la biodiversité (OFB, ex-Office national de la chasse et de la faune sauvage) on arrive à un total de 428 personnes tuées accidentellement en deux décennies. Plus précisément entre les saisons 1999-

---

Il est enfin interdit à toute personne placée à portée de fusil des stades, lieux de réunions publiques en général et habitations particulières (y compris caravanes, remises, abris de jardin), ainsi que des bâtiments et constructions dépendant des aéroports, de tirer en leur direction. »
https ://aida.ineris.fr/consultation_document/31197; consulté le 06/11/2021.

[31] Voir égal., LE DAUPHINÉ LIBÉRÉ, « Un TGV Paris-Nice touché par une munition de chasse à Avignon », 13 déc. 2018 à 08:50 | mis à jour le 16 déc. 2018 à 15:27.
https://www.ledauphine.com/vaucluse/2018/12/13/un-tgv-paris-nice-touche-par-une-munition-de-chasse-a-avignon; consulté le 27/07/2022.

[32] Sixtine Lys, France Bleu, « Chasse : 3.325 accidents recensés depuis 2000 en FRANCE, dont 421 mortels ». L'Office français de la biodiversité et la Fédération nationale de la chasse ont dévoilé ce lundi 1er novembre 2021 les chiffres des accidents de chasse depuis 2000, alors qu'un chasseur a été mis en examen après avoir grièvement blessé par balle samedi un automobiliste en Ille-et-Vilaine..Mardi 2 novembre 2021 à 6:41 –
https://www.francebleu.fr/infos/societe/chasse-3-325-accidents-recenses-depuis-2000-en-france-dont-421-mortels-1635824030; consulté le 27/07/2022.

2000 et 2020-2021. Un bilan dramatique, mais qui diminue d'année en année : dans son dernier rapport portant sur la saison 2019 à 2020, l'office qui assure notamment le contrôle de la sécurité autour de l'activité de chasse relève que « la tendance globale des accidents de chasse est à la baisse »[33].

La baisse constatée doit être relativisée au vu du contexte sanitaire et des confinements qui ont pu réduire la pratique de la chasse la saison dernière. On dénombre également au moins 12 tués non-chasseurs entre 2013 et 2021, écrivent Alice Clair et Julien Guillot[34]. Plus récemment, s'ajoutent à ces chiffres le cas de l'automobiliste de 67 ans blessé par balle au cou après le tir d'un chasseur, alors qu'il circulait le samedi 30 octobre 2021 entre Rennes et Nantes, et qui est décédé des suites de ses blessures. Par ailleurs, quelques jours avant le drame, Yannick Jadot militant écologiste s'était exprimé, après la grave blessure subie par un promeneur en Haute-Savoie. Un chasseur l'avait visé et blessé. La maire de la commune de Laillé avait déjà été confronté à un autre incident. Lors d'une chasse organisée, plusieurs chats avaient été tués par une meute de chiens, provoquant une vive polémique[35]. « Les chasseurs ont l'interdiction de tirer en direction des zones à risques et les routes en font partie. Une autre règle fondamentale qui n'a pas été respectée : le tir doit être incliné vers le sol ». Mais lire aussi : Chasse : « Loi des séries », « le risque zéro n'existe pas »... les propos chocs de Willy Schraen le patron des chasseurs après l'accident près de Rennes.

« Sur le terrain, nous avons régulièrement des gens qui nous contactent pour des chasseurs qui viennent à proximité des habitations ou qui ont tiré en direction des maisons », précise le militant de Forest Shepherd Bretagne qui explique sur RTL que les animaux de compagnie sont également blessés par des tirs[36].

---

[33] Felicia Sideris, « Accidents de chasse : que disent les chiffres ? », Publié le 31 octobre 2021 à 11h45, mis à jour le 1 novembre 2021 à 11h48, https ://www.lci.fr/societe/accidents-de-chasse-en-france-que-disent-les-chiffres-2200542.html, consulté le 06/11/2021. V., égal., Fondation Brigitte BARDOT, « LA CHASSE : UN PROBLÈME MORTEL » précitée.

[34] Alice Clair et Julien Guillot, « Le data du jour »
Plus de 400 tués dans des accidents de chasse en FRANCE depuis vingt ans », Data matin dossier, publié le 3 novembre 2021 à 12h24,
https ://www.liberation.fr/societe/plus-de-400-tues-dans-des-accidents-de-chasse-en-france-depuis-vingt-ans-20211103_ZEROXZWTK5BMRNNVZRKD575KA4/, consulté le 06/11/2021

[35] Camille Allain, « Ille-et-Vilaine : L'automobiliste touché par le tir d'un chasseur est décédé » :
Publié le 04/11/21 à 19h22 — Mis à jour le 04/11/21 à 19h41, https ://www.20minutes.fr/societe/3165127-20211104-ille-vilaine-automobiliste-touche-tir-chasseur-decede

[36] Fiona Bonassin, Automobiliste tué par le tir d'un chasseur près de Rennes :
« Au moins deux erreurs gravissimes ont été commises », Publié le 05/11/2021 à 11 :49, mis à jour à 12 :17, https ://www.ladepeche.fr/amp/2021/11/05/automobiliste-touche-par-le-tir-dun-chasseur-pres-de-rennes-au-moins-deux-erreurs-gravissimes-ont-ete-commises-9910384.php#aoh=16361327970156&referrer=https%3A%2F%2Fwww.google.com&_tf=Source%C2%A0%3A%20%251%24s

À côté de cette chasse encadrée, existe le phénomène désastreux du braconnage, très répandu en Afrique. « Le braconnage désigne la chasse ou la capture illégale d'animaux sauvages[37]. Il s'agit de l'action de chasser ou de pêcher de manière illégale, soit en s'attaquant à des espèces protégées, soit en œuvrant sans autorisation et en utilisant des moyens non autorisés.

À la différence de la chasse légitime à laquelle se livrent par exemple les populations autochtones dans les forêts tropicales pour se nourrir, le braconnage ne tient compte d'aucun quota de prélèvement de la faune sauvage.

Sont principalement menacés les éléphants d'Afrique, les rhinocéros, les grands singes et les félins, mais ce sont en tout plusieurs milliers d'espèces qui sont traquées à travers la planète pour leurs peaux, leurs cornes et pour servir d'attractions.

Après la capture, un véritable trafic se met en place via un commerce illicite soutenu majoritairement par les populations les plus pauvres et par des réseaux mafieux sans cesse mieux organisés. Il faut dire qu'il y a beaucoup à gagner dans ce type d'économie parallèle, et que les sanctions s'avèrent en revanche très limitées.

La plupart des braconniers sont des businessmen. Ils font partie de gangs criminels organisés qui utilisent la technologie pour chasser les animaux. Ils se montrent capables de tuer un grand nombre d'animaux sans être ni découverts ni punis. Ils utilisent des technologies telles que des fusils, des hélicoptères qui peuvent voler à basse altitude et des lunettes qui leur permettent de voir la nuit. Certaines personnes font carrière dans le massacre d'animaux.

Les braconniers capturent des lions et des rhinocéros pour les vendre comme animaux de compagnie. C'est une pratique dangereuse et contraire à l'éthique. Les êtres humains ne devraient pas garder les animaux sauvages comme animaux de compagnie. Ils sont ainsi privés de leur milieu de vie compatible à leur impératif biologique. Ce qui est interdit par la loi[38]. Ils ne sont, par nature, pas dressés et peuvent tuer leurs propriétaires.

À propos des conséquences du braconnage, PHILIPPA SUMNER affirme que : « les éléphants, rhinocéros et autres animaux africains célèbres seront peut-être bientôt tous éteints. Nous entendons trop souvent de tristes nouvelles au sujet des animaux victimes de braconnage. Le lion s'est éteint dans 7 pays. La population de rhinocéros noirs a diminué de 97% depuis 1960. 35 000 éléphants d'Afrique ont été tués l'année dernière »[39]. « La corne de rhinocéros se vend

---

[37] PHILIPPA SUMNER : « Les conséquences du braconnage », 8mar2018, https ://rightforeducation.org/fr/2018/03/08/les-consequences-du-braconnage/ ;danshttps ://www.ecosia.org/search?q=cons%C3%A9quence+du+braconnage+sur+la+biodiversit%C3%A9 ; consulté le 15 /12/2021.

[38] Voir l'article L. 214-1du Code de l'environnement.

[39] PHILIPPA SUMNER, précité.

à des prix plus élevés que l'or ou la cocaïne »[40]. « La corne de rhinocéros fait l'objet de commerce pour acheter des armes »[41]. Les excréments de rhinocéros, grands mammifères en danger critique en raison de la lenteur de leur reproduction, sont des engrais pour la nature. Les matières fécales sont riches en bactéries, en fibres, en polysaccharides et en protéines. Elles forment donc une biomasse idéale pour générer de l'engrais, comme on le faisait traditionnellement dans l'Antiquité, mais aussi pour produire de l'énergie. C'est le principe de la « biométhanisation », processus par lequel la matière organique est fermentée dans un « biodigesteur »[42].

Avec près de 160 milliards d'euros de recettes générées chaque année, le braconnage s'est hissé à la troisième place des activités illicites les plus lucratives au monde, juste derrière le trafic de drogue et le trafic d'armes.

L'argent récolté sert ensuite en partie à financer des groupes armés comme Al-Qaida en Irak, ou les Janjawid au Soudan. Au total, 8 pays sont particulièrement reconnus pour être les moteurs majeurs de ce trafic : le Kenya, l'Ouganda, la Tanzanie, mais aussi la Thaïlande, la Malaisie, le Vietnam, les Philippines et la Chine qui contribuent à entretenir une demande toujours croissante[43].

Souvent corollaire du braconnage, les feux de brousse sont aussi dévastateurs pour la faune et la flore. Parmi ces feux, on peut citer entre autres : l'action de ceux qui allument le feu pour éloigner les insectes, les reptiles, les fauves, ou pour dégager les alentours des habitations ; les

---

[40] YOHAN BLAVIGNAT, « La corne de rhinocéros, un bien plus prisé que l'or ou la cocaïne », (entre 50.000 et 70.000 euros le kilo. Soit entre 25.000 et 200.000 euros la corne, selon sa taille, indique WWF). Les cornes de rhinocéros réduites en poudre sont très prisées en Chine et au Vietnam, où les habitants leur attribuent des vertus médicales. Selon ces croyances, qui n'ont jamais été vérifiées scientifiquement, elles permettraient de faire baisser la fièvre, de faire reculer le cancer, de stopper les saignements de nez et... d'augmenter la libido. Publié le 07/03/2017 à 22:28, mis à jour le 08/03/2017 à 07:22, https://www.lefigaro.fr/actualite-france/2017/03/07/01016-20170307ARTFIG00378-la-corne-de-rhinoceros-un-bien-plus-prise-que-l-or-ou-la-cocaine.php; consulté le 20/04/2022.

[41] JACQUES FULBERT OWONO, *Terrorisme ou paraterrorisme en Afrique centrale : le cas de Boko Haram au Cameroun, Éditeur : Connaissances & Savoirs; (16 mars 2017). V.égal., ci-dessous : Conservation Nature, « Braconnage : une des plus grandes menaces pour la biodiversité ». Qui sont les braconniers ? https://www.conservation-nature.fr/ecologie/le-braconnage/ ; dans https ://www.ecosia.org/search?q=cons%C3%A9quence+du+braconnage+sur+la+biodiversit%C3%A9 ; consulté le 15 /12/2021 .V.,égal. « 15 minutes pour comprendre facilement le braconnage », https://www.youtube.com/watch?v=jwC1uCic_E8&t=101s; 28 avr. 2021.*

[42] ANNIE LABRECQUE, « La deuxième vie de nos excréments », https://www.quebecscience.qc.ca/environnement/la-deuxieme-vie-de-nos-excrements/; consulté le 20/04/2022.

[43] Conservation Nature, « Braconnage : une des plus grandes menaces pour la biodiversité ».Qui sont les braconniers ?https ://www.conservation-nature.fr/ecologie/le-braconnage/ ; dans https ://www.ecosia.org/search?q=cons%C3%A9quence+du+braconnage+sur+la+biodiversit%C3%A9 ; consulté le 15 /12/2021. V.,égal., « 15 minutes pour comprendre facilement le braconnage », https://www.youtube.com/watch?v=jwC1uCic_E8&t=101s; 28 avr. 2021.

chasseurs qui débusquent le gibier ; le cultivateur qui nettoie son champ ; le berger qui brûle une partie du pâturage pour accélérer la régénération ; le chef de village dont la coutume veut qu'il soit le premier à mettre le feu à la brousse ; le pyromane[44], etc. Ce sont des feux plus intentionnels que accidentels. Le feu de brousse détruit la structure et la texture des sols et inhibe le développement de la microfaune qui dans son activité transforme la structure, la texture et la composition chimique des sols. Par sa forte production de CO2, les feux de brousse augmentent les gaz à effet de serre préjudiciables à la couche d'Ozone avec comme conséquences le changement climatique, la pollution atmosphérique qui provoquent des nuisances à la santé publique (maladies respiratoires et cutanées, cancer, irritation de la gorge etc.[45].

Ces effets supplémentaires de la chasse, constituent clairement des dangers pour l'homme et, doivent davantage nous convaincre à combattre la chasse dite de régulation[46] des espèces animales. Ce qui cesserait d'alimenter la controverse environnementale : un conflit social entre gestionnaire de l'environnement, les chasseurs, les défenseurs du retour des prédateurs naturels des espèces animales, les agriculteurs et les citoyens victimes imprévisibles de la chasse.

[44] PAUL N'GUESSAN, «Saison sèche : Les conséquences des feux de brousse sur la faune et la flore », Source: Mali Horizon ; https://niarela.net/societe/environnement/saison-seche-les-consequences-des-feux-de-brousse-sur-la-faune-et-la-flore

[45] *Ibid.*

[46] V. *infra*, p. 22, argument opposée.

B – Aides de l'UE, de l'État et des associations accordées autres que les indemnisations

Dans le cadre de la mise en œuvre de la stratégie européenne « Europe 2020 » adoptée en 2010, l'Union européenne soutient la politique de développement rural de ses États membres. Ainsi, le règlement de développement rural n°1305/2013 du Parlement européen et du Conseil du 17 décembre 2013 prévoit une série de mesures d'aides visant à encourager le développement rural des États membres parmi lesquelles on peut notamment retrouver celles destinées à soutenir les activités pastorales. Ces aides proviennent du second pilier de la politique agricole commune (PAC), le Fonds Européen Agricole pour le Développement Rural (FEADER). Avec un budget de 100 milliards d'euros, FEADER 2014/2020 finance l'ensemble des mesures visant à contribuer au développement des territoires ruraux, d'un secteur agricole plus équilibré, plus respectueux des écosystèmes, plus résilient face au changement climatique, et enfin compétitif et plus innovant. En FRANCE, outre le dispositif d'aide résultant du FEADER, il convient de souligner que des moyens de protection des troupeaux (financement du matériel pour les parcs de regroupement électrifié, étude de vulnérabilité, acquisition de matériel d'effarouchement) sont également subventionnés par des crédits d'État délégués en urgence par le ministère de l'Agriculture et de l'Alimentation en cas de situation de crise. Mobilisables principalement dans les zones non concernées par les dispositifs de protection, les crédits d'urgence constituent un financement de mesures de protection totalement distinct de celui du FEADER. Par ailleurs, les éleveurs peuvent bénéficier gratuitement d'aides à la protection de leurs troupeaux via l'action de certaines associations. Ainsi, la Pastorale Pyrénéenne, association subventionnée par le ministère de la Transition écologique et solidaire au service des professionnels du pastoralisme exerçant sur l'ensemble du massif pyrénéen, offre la possibilité aux éleveurs (adhérents et non adhérents) de bénéficier gratuitement de moyens de protection contre la prédation de l'Ours, notamment via son réseau technique « chiens de protection » et son Réseau Berger d'Appui (RBA). L'équipe de bergers « mobiles » mise à disposition par l'association permet également aux éleveurs de bénéficier d'un appui technique de la part des bergers, d'une surveillance nocturne ou encore de visites d'estive (surveillance nocturne de nuit en cas de fortes attaques, aide au montage de parcs de nuit électrifiés, appui à des bergers nouveaux sur une estive pour accompagner les premiers pas)[47].

[47] Éléonore Picot, « Les mesures de protection contre les grands prédateurs : quelles aides pour quelle efficacité ?, publié le 22 juillet 2019, https : //www.fondation-droit6animal.org/102-mesures-de-protection-contre-les-grands-prédateurs/; consulté le 29/03/2022.

Les aides de l'Union européenne, en application du second pilier de la politique agricole commune (PAC), le Fonds Européen Agricole pour le Développement Rural (FEADER) précité, sont accordées aux grands agriculteurs et éleveurs pour les soutenir à lutter contre les grands prédateurs. C'est une aide publique apportée via un appel à projets, qui vise à assurer le maintien des activités pastorales ovine et caprine malgré la contrainte croissante de la prédation. Elle participe concrètement à la politique nationale de protection du loup sur le territoire national tout en limitant son impact sur l'élevage dont le dynamisme et la diversité constituent une spécificité de notre région. Cet appel à projets s'adresse aux éleveurs individuels ou sous forme sociétaire, gestionnaires collectifs d'estives (groupements pastoraux, associations foncières pastorales, collectivités locales), ainsi qu'aux groupements d'employeurs et associations d'éleveurs constituées juridiquement.

Les bénéficiaires de cette mesure s'engagent à mettre en œuvre les mesures de protection telles qu'elles ont été décrites dans leur demande[48].

Les petits agriculteurs et éleveurs traditionnels, ne remplissant pas les conditions d'exercice d'une activité agricole au sens de l'article L. 311-1 du Code rural[49], ne peuvent donc pas bénéficier desdites subventions ou aides pour se protéger contre l'envahissement des prédateurs dû en partie par notre développement urbain et industriel ou toute autre action humaine. Ces petits agriculteurs et éleveurs déplorent la présence des loups, des lynx, des sangliers et demandons la régulation de leurs effectifs dans le paysage. Mais ils ont pu accepter les dégâts causés par les sangliers dans les cultures, grâce à l'indemnisation automatique par les chasseurs eux-mêmes. Un fonds d'indemnisation est géré au niveau départemental par les Fédérations des Chasseurs (avec quelques particularités en Alsace-Moselle[50]). Il est alimenté par les cotisations auxquelles doit contribuer tout chasseur pour sa pratique. Pour limiter les frais, les Fédérations Départementales proposent des clôtures aux cultivateurs, allant parfois jusqu'à les installer. Si

[48] V. « APPEL À PROJETS EN COURS, Soutien à la lutte contre la prédation »
Publié le Mercredi 3 avril 2019 - Mis à jour le Lundi 4 juillet 2022.
https://www.europe-en-auvergnerhonealpes.eu/appel-projet/soutien-la-lutte-contre-la-predation-0
V.égal. : Situation actuelle et perspectives pour l'élevage ovin et caprin dans l'Union. Résolution du Parlement européen du 3 mai 2018 sur la situation actuelle et les perspectives pour l'élevage ovin et caprin dans l'Union (2017/2117(INI)) (2020/C 41/08) :
https://eur-lex.europa.eu/legal-content/FR/TXT/PDF/?uri=CELEX:52018IP0203&from=EN;
consulté le 28/07/2022.

[49] Sur les difficultés d'interprétation de ce texte, v. par ex. :
https://www.senat.fr/questions/base/2011/qSEQ111020269.html#:~:text=311%2D1%20du%20code%20rural%20lequel%20dispose%20%3A%20%C2%AB%20Sont%20r%C3%A9put%C3%A9es,activit%C3%A9s%20exerc%C3%A9es%20par%20un%20exploitant

[50] En Alsace-Moselle, conformément au droit local en vigueur, « le droit de chasse sur les terres et sur les espaces couverts d'eau est administré par la commune, au nom et pour le compte des propriétaires », article L. 429-2 du Code de l'environnement.

l'agriculteur est propriétaire d'un bois où il empêche la chasse, il ne sera pas indemnisé en cas de dommages de sangliers dans ses cultures.

De la sorte, en FRANCE, les fédérations départementales de chasse indemnisent les agriculteurs dont les cultures subissent des « dégâts de gibiers » qu'ils n'ont pas su réguler. Comprendre : un champ saccagé par une harde de sangliers. Selon Willy SCHRAEN, la FNC a remboursé 77 millions d'euros de dégâts en 2020, et la facture ne fait qu'augmenter. « Cette enveloppe a pris 20% sur les dix dernières années », soupire le président des chasseurs. Selon la fédération, 85% de ces indemnisations sont provoquées par la bête noire des agriculteurs : le sanglier. Ce gros gibier ravage les cultures à la recherche de vers et de glands. Pire, sa population serait en pleine croissance et difficile à endiguer[51].

À cet usage des fonds au profit de la gestion de la forêt, de la biodiversité de la biosphère, de l'environnement, s'ajoutent les indemnités des dégâts occasionnés par les gibiers, prévues aux articles L. 426-1 à 8 et L. 429-23 à 32 du Code de l'environnement français. Ces espèces étant, dans le droit général français, des *res nullius*, le législateur avait prévu dans la loi du 10 juillet 1976 une exclusion de la responsabilité de l'État à raison des conséquences qu'entraîneraient les espèces protégées. Dans un arrêt remarqué du Conseil d'État du 30 juillet 2003, la responsabilité de l'État pour les dégâts commis par les grands cormorans a été engagée. Le Conseil d'État a rompu avec sa jurisprudence antérieure qui refusait systématiquement une réparation aux agriculteurs subissant des dommages du fait d'espèces protégées. Il faut cependant démontrer le caractère grave et spécial du dommage subi ainsi que l'anormalité du dommage causé par les espèces protégées. Cette indemnisation pourrait profiter aux petits agriculteurs[52].

Ce double enjeu des subventions et des indemnisations se trouve au cœur de la controverse environnementale entre cohabitation avec les animaux, régulation de notre faune et activité de la chasse en FRANCE, sachant que le poids économique de ce secteur est estimé à 2,2 milliards

---

[51] Moran Kerinec, dans : « Que se passerait-il si on arrêtait de chasser en FRANCE ? » (Les sangliers, bêtes noires des agriculteurs), 12 novembre 2021 à 9h44, SLATE.FR Société, http ://www.slate.fr/story/218772/que-se-passerait-il-si-arreter-chasser-france-interdire-chasseurs-sangliers; consulté le 30/03/2021

[52] Cons. d'État, 30 juill. 2003, req. n° 215957, publié au recueil Lebon : « Il ne ressort ni de l'objet ni des termes de la Loi du 10 juillet 1976, non plus que de ses travaux préparatoires, que le législateur ait entendu exclure que la responsabilité de l'État puisse être engagée en raison d'un dommage anormal que l'application de ces dispositions pourrait causer à des activités- notamment agricoles-autres que celles qui sont de nature à porter atteinte à l'objectif de protection des espèces que le législateur s'était assigné. Il suit de là que le préjudice résultant de la prolifération des animaux sauvages appartenant à des espèces dont la destruction a été interdite en application de ces dispositions doit faire l'objet d'une indemnisation par l'État lorsque, excédant les aléas inhérents à l'activité en cause, il revêt un caractère grave et spécial et ne saurait, dès lors, être regardé comme une charge incombant normalement aux intéressés ». Cité par Yves STRICKLER, *L'animal. Propriété, Responsabilité, Protection,* Presses Universitaires de Strasbourg, 2010, p. 102.

d'euros[53]. Ces sommes sont, l'un des enjeux, de ce conflit social entre habitants, chasseurs, association de défense, professionnels de garde de la forêt, les politiciens et les défenseurs de la cause animale.

Et le mal de la controverse environnementale continue. La plupart des espèces chassables étant en régression, les chasseurs lâchent chaque année dans la nature environ vingt millions d'animaux élevés (perdrix, faisans, lièvres, canards…) afin de pouvoir perpétuer leur activité. Cette pratique désastreuse affaiblit les dernières populations naturelles du fait de l'introduction de maladies issues des élevages, perturbe les écosystèmes et cause une grave pollution génétique de la faune[54].

Des scientifiques ont observé un impact qualitatif non négligeable de la chasse sur la faune aussi, pour certaines espèces. Au fil des années, une population d'animaux craintifs et stressés, aux distances de fuite anormalement élevées. Ces animaux, sensibles à la perturbation de leur environnement ou habitat, forment une population fragilisée et démographiquement peu dynamique. L'usage de cartouches au plomb a provoqué le saturnisme, maladie ayant contaminé plus de 60 % des individus de certaines espèces de canards.

Que peut le débat au fond du droit ?

---

[53] https ://www.ecologie.gouv.fr/programme-europeen-financement-life

[54] Le RAC, « Un préjudice écologique important », https ://www.france-sans-chasse, consulté le 24/09/2021.

II – AU FOND DU DROIT

Au fond du droit, la question de la régulation des espèces animales protégées qui occasionnent des dégâts, est différemment perçue. Nous proposons qu'elle soit confiée aux gardes de la faune sauvage ou alors laissée au soin de la nature, par le prédateur naturel de l'espèce animale concernée (A). Les humains ont appréhendé l'espèce animale en tant qu'une chose, un objet hors de personnalité juridique, à l'usage de son propriétaire. C'est à l'égard du devoir de dépendance de l'homme à la faune que la culpabilité des chasseurs sera engagée à l'égard de l'espèce animale et de manière renforcée vis-à-vis de l'espèce protégée et, par-delà, du vivant (B).

A - Régulation par les gardes de la faune sauvage et par le prédateur naturel de l'espèce animale

Les témoignages des experts de la cause animale confirment que la régulation doit rester l'affaire des pouvoirs publics (1). Toutefois les prédateurs naturels de l'espèce animale demeurent son meilleur régulateur (2).

1. Les pouvoirs publics, régulateurs de l'espèce animale protégée

En FRANCE les pouvoirs publics déterminent tous les ans la période d'ouverture, fermeture et les conditions de l'activité cynégétique tous les ans conformément à l'article R. 424 -1 du Code de l'environnement qui dispose que :

« Afin de favoriser la protection et le repeuplement du gibier, le préfet peut dans l'arrêté annuel prévu à l'article R. 424-6, pour une ou plusieurs espèces de gibier :
1° Interdire l'exercice de la chasse de ces espèces ou d'une catégorie de spécimen de ces espèces en vue de la reconstitution des populations ;
2° Limiter le nombre des jours de chasse ;
3° Fixer les heures de chasse du gibier sédentaire et des oiseaux de passage ».

Dans ces conditions, et sur le fondement que certaines espèces protégées peuvent causer de graves dégâts, notamment aux cultures et piscicultures, il convient de procéder à la régulation de leur population[55].

Ainsi, il est fait du chasseur, le régulateur de la faune sauvage à travers le nouvel article L. 420-1 du Code de l'environnement qui établit une définition multiple de la chasse. « La chasse devient un des éléments d'une politique de gestion durable des ressources naturelles. La chasse n'est pas seulement une simple activité de loisirs strictement encadrée par un corps de règles

---

[55] Y. STRICKLER, *L'animal. Propriété, Responsabilité, Protection.* Presses Universitaires de Strasbourg, 2010, p. 102.

de police spécifiques, mais devient le moyen d'assurer un équilibre entre agriculteurs, forêts et développement des espèces de gibier. « Le législateur a également pris en compte d'autres aspects liés à la chasse, notamment ses caractères économique »[56] et culturel »[57]. « La chasse fait tourner notre économie sur plusieurs domaines :

• l'emploi, souvent local, comme des gardes de chasse, nourrisseurs, etc. ;
• le tourisme, l'accueil et l'hébergement des chasseurs et de leurs accompagnants ;
• le commerce des armes, des optiques, des vêtements et d'autres ustensiles ;
• les valeurs culturelles, historiques et artistiques liées à la chasse.
• la compensation financière attribuée aux propriétaires publics et privés en échange du droit de chasse ;
• la prévention ou la réduction de dégâts économiques importants qui peuvent être provoqués par de trop grandes populations de gibier.
• la filière de la viande de gibier autrement plus saine et de plus grande qualité que la viande de veau ou de porc élevés en élevages »[58].

Les chasseurs représentent actuellement 2,5 % de la population française dont les intérêts doivent être pris en compte[59] (mais à considérer avec réserve, car après un score de 2,2 % aux élections européennes de mai 2019, un sondage IFOP publié en novembre créditait le parti consacré à la défense des animaux de 2 % des intentions de vote à la présidentielle[60]). Contre « 70% des français qui refusent… la chasse[61] ! » en Mai 2019. Malheureusement ces électeurs ont d'autres raisons de ne pas voter pour le parti consacré à la défense des animaux même si d'après l'étude Ipsos un français sur deux est aujourd'hui opposé à la chasse (51%, stable par rapport à 2018), un quart d'entre eux (26%) y étant tout à fait opposé. Dans le même temps, seul un Français sur 5 (20%, +1 point) y est favorable. Néanmoins, une partie non négligeable de la population n'émet pas d'avis à l'égard de la chasse : 29% des Français y sont

[56] La chasse génère des flux financiers considérables : V. Que sais-je n° 2593, *op. cit.*, pp. 49 à 57. V. égal., le « rapport Patriat » consultable sur le site internet du ministère de l'environnement ;
http ://www.environnement.gouv.fr

[57] V. Chasser en Cévennes de Anne Vourc'h et Valentin Pelosse, Éd. C.N.R.S. éditions.

[58] Plaidoyer: la chasse
https://www.etudier.com/dissertations/Plaidoyer-La-Chasse/356618.html; consulté le 28/07/2022

[59] Christophe Privat : « Quelques réflexions sur la loi du 26 juillet 2000 (Gaz. Pal., Rec. 2000, légis. p. 473) relative à la chasse... ». Gaz. Pal. 4 oct. 2001, n°277, p. 13.

[60] Reporterre le quotidien de l'écologie, Journal indépendant : « Présidentielle : le Parti animaliste a les crocs », 06 janvier 2022 à 09h31.Mis à jour le 11 janvier 2022 à 08h39, https ://reporterre.net/Presidentielle-le-Parti-animaliste-a-les-crocs; consulté le 16/01/2022.

[61] Groupe d'action pour l'amour des animaux (G.A.L.A), « L'horreur des battues aux sangliers – PROTECTION »... https ://association-gala.fr › ; Consulté le 25/02/2022.

indifférents[62]. Pour Brigitte Bardot[63] : « Un cœur sec et indifférent à la souffrance qu'elle soit humaine ou animale ne peut sauver la FRANCE, ni en être Président ».
« On pourrait très bien se nourrir sans nécessairement consommer du gibier, mais celui-ci reste tout de même d'une grande qualité nutritionnelle. En plus des bienfaits premiers d'une viande d'élevage, la viande de gibier est en général très digeste et pauvre en matière grasse due à la vie sauvage de l'animal. Par exemple, un faisan est 3 fois moins gras qu'un poulet et est même plus riche en fer et phosphore.
Tout au long de l'année, les chasseurs vont apporter de l'eau en cas de gel et du sel pour toujours veiller à la bonne santé de l'animal[64] ».
Feu Maurice BIGORRE dans son plaidoyer pour la chasse, reprend en partie notre argument de dommage de cohabitation et affirme que : « certains gibiers commettent sur la nature divers dégâts. Ces derniers sont dus soit à des prélèvements alimentaires (abroutissements, écorçages, égrainages), soit à des actes comportementaux (« grattis » et fouilles, frottis, estocades, piétinements, etc.). À l'origine de ces dégâts, plusieurs facteurs interfèrent : nature des cultures sollicitant plus ou moins l'appétence du gibier, proximité des remises et des champs[65], rigueur de l'hiver et surtout importance du cheptel. Dans le cas d'une quantité d'animaux supérieure aux capacités d'accueil du territoire, quelles que puissent être les précautions prises telles « l'engrillagement » des jeunes plants, voire la clôture, il ne sera pas toujours possible d'enrayer les dégâts. L'agriculteur comme le sylviculteur ne tolèrera que l'acceptable. Au-delà, ils demanderont réparation d'une part, disparition de la cause d'autre part. Concernant les réparations elles se font, après évaluation du préjudice, sous forme d'indemnisations payées directement ou indirectement par les chasseurs, à l'aide de fonds alimentés par leurs cotisations et de taxes assises sur la chasse. Cependant la réparation d'un préjudice, si nécessaire soit-elle,

[62] Fiche technique : Étude Ipsos menée en ligne auprès d'un échantillon de 1079 personnes, représentatif des Français âgés de 16 à 75 ans, du vendredi 3 au lundi 6 septembre 2021.
Voir : Alice Tétaz, « Les Français rejettent massivement la chasse ».11 Octobre 2018. https ://www.ipsos.com/fr-fr/les-francais-rejettent-massivement-la-chasse ; consulté le 25/02/2022.

[63] ROSE-MARIE GERARD, « Présidentielle 2022 : Brigitte Bardot affiche son soutien pour un "petit" candidat ». Cela fait des années que Brigitte Bardot se consacre de tout son être à la défense animale. À la veille de la présidentielle, l'actrice a affiché son soutien sur Twitter le dimanche 20 mars 2022 au candidat de droite qui défend le mieux la cause animale. Publié le 21/03/2022 à 8h53, mis à jour le 21/03/2022 à 11h21. https ://www.femmeactuelle.fr/actu/news-actu/presidentielle-2022-brigitte-bardot-affiche-son-soutien-pour-un-petit-candidat-2131411?msclkid=98bd422ca9d911ecb91272b24b4ed198 ; consulté le 22/03/2022.

[64] Par math240904, « Plaidoyer sur la chasse », *Dissertation : Plaidoyer sur la chasse. Recherche parmi 274 000+ dissertations* 14 Avril 2022 • Dissertation • 858 Mots (4 Pages) :
file:///C:/Users/Dali/Downloads/Plaidoyer%20sur%20la%20chasse%20-%20Dissertation%20-%20math240904.html

[65] Et il faut quelquefois dénoncer l'inadéquation de certaines cultures dont le choix par l'homme n'est pas toujours innocent.

n'est jamais satisfaisante ni pour l'agriculteur, ni pour le sylviculteur qui ne plantent pas pour voir leur travail anéanti et recevoir en échange une indemnité, mais pour voir le blé à terme ou l'arbre grandir, puis récolter[66]. Elle n'est pas plus satisfaisante pour le chasseur dont les fonds ne sont pas inépuisables, et qui n'acceptera de payer que tout autant qu'il s'agit d'un risque raisonnable concernant des animaux sur lesquels il va pouvoir effectuer des prélèvements[67]. [...] Force donc est d'admettre que certaines populations animales doivent être régulées[68]. Le chasseur nous semble le mieux placé pour remplir ce rôle. En parfaite harmonie avec sa nature humaine, il gérera en « bon père de famille » tel le berger son troupeau[69] [...].

Globalement, à condition que l'on veuille bien reconnaître les lourdes menaces qui planent sur lui, le grand gibier ne tirerait pas un grand bénéfice de l'interdiction de la chasse qui passe, rappelons-le, soit par la régulation, soit par la maladie. Enfin, et cet aspect du problème n'est pas négligeable, la faune gibier, lorsqu'elle n'est pas chassée, tend à présenter des caractères de semi-domestication. Ceux qui ont eu la chance de voyager connaissent ces grandes réserves où les bêtes sauvages ne sont plus en fait que des bêtes de zoo, sans intérêt pour personne. Nous reviendrons sur cet important problème.

Pour Maurice BIGORRE, il n'est donc malheureusement pas ridicule d'affirmer qu'une interdiction de chasse verrait les effectifs de petits gibiers et de certains migrateurs repartir. C'est là toute la noblesse de la mission du chasseur à qui nous adressons un véritable cri d'alarme. Nous avons un outil, le plan de chasse. Il est facultatif ou contractuel pour le petit gibier. [....] Il permettra la reconstitution des populations géographiquement exsangues ou pour partie éradiquées »[70].

Pour Jacky DUPONTEIX, secrétaire de l'association chasse les Reyssoux, « la chasse une nécessité vitale pour notre société. On peut donc considérer que les associations de chasse sont parmi les plus utiles dans notre commune. Il s'explique.

---

[66] On notera à ce sujet que lors de l'élaboration des plans de chasse grands gibiers, les sylviculteurs font souvent des demandes supérieures aux chasseurs.

[67] Il convient d'attirer l'attention des opposants à la chasse sur la nécessité qu'il y aurait de prévoir, si un jour la chasse était supprimée, le financement des dégâts. Nous reviendrons sur cette importante question au paragraphe IV « Faut-il interdire la chasse ? ».

[68] Le lecteur notera au surplus, pour justifier cette évidence, que lorsque la régulation par la chasse est impossible pour cause de sécurité publique, aucune solution satisfaisante n'a jamais été trouvée. C'est le cas pour certaines espèces vivant au contact de l'homme, dites anthropophiles, et tout le monde connaît le problème des étourneaux dans les grandes villes.

[69] Les opposants à la chasse ne manquent pas de dire qu'un tel « travail » pourrait être confié aux gardes nationaux. Nous examinerons au paragraphe IV « Faut-il interdire la chasse ? » cette hypothèse et ses conséquences. Au surplus le fait d'admettre qu'une régulation doive être effectuée par des « gardes-nature » est pour les zoophiles non interventionnistes une contradiction difficile à gérer.

[70] MAURICE BIGORRE, Plaidoyer pour une chasse écologiquement responsable, Editeur : Association Nationale Pour Une Chasse Écologiquement Responsable ANPCAR (1 janvier 1995).

Il se tue environ 10 000 sangliers et 10 000 chevreuils par an en Dordogne, soit à peu près le tiers de la population existante. Pour la seule commune de La Chapelle Gonaguet, plus de 30 sangliers et 40 chevreuils. Malgré ces résultats, de nombreux dégâts sont constatés sur les cultures, dans les potagers, vergers et pelouses, sans compter les chocs avec les véhicules. S'il n'y avait pas de chasse, imaginez-vous le désastre !

Une laie porte 6 à 10 petits. Sans chasse, en quelques années seulement, nous aurions un déséquilibre écologique important, d'où la nécessité d'encourager et d'aider les associations de chasse. Les 150 € demandés, au titre de la subvention municipale, sont donc dérisoires au vu des bienfaits que nous procurons à la société[71] ».

Toutefois, Maurice BIGORRE, témoigne que : « les chasseurs font le lit des opposants ». Il prend un exemple : « nous habitons une petite ville où à la suite d'une urbanisation galopante et un mitage en zone rurale, le terrain de chasse est quasi inexistant. Environ 200 porteurs de permis s'adonnent à une caricature de chasse sur quelques dizaines d'hectares, ce qui se traduit en fait durant quatre dimanches d'automne par un lâcher de faisans (disons volailles pour être dans le vrai) la veille à la tombée de la nuit. Les volatiles sont ensuite lamentablement assassinés.

Il y a ces jours-là forte concentration de tireurs, dont certains d'allure agressive, en tenue paramilitaire genre parachutiste, peu soucieux de la légalité chassant quelquefois sous les fenêtres de l'habitant. Nous-mêmes, pourtant chasseur, n'oserions nous aventurer, ces jours de foire, dans ce pandémonium. Comment alors voulez-vous que réagisse un non-chasseur qui sera contraint d'interdire à ses enfants, pour raison de sécurité, l'accès de ses propres terres.

Très franchement, amis chasseurs, posons-nous honnêtement la question : comment ne pas devenir anti-chasse dans de tels cas qui, loin d'être isolés, font le gros des troupes des associations d'opposants ? Il faut comprendre l'exaspération de ces gens qui après quelque fois s'être plaint, mais en vain, au Président de la société de chasse (qui ne va pas mécontenter l'électeur), ou au maire de la commune (qui ménage une frange importante de l'électorat) ne trouve une oreille accueillante que chez nos opposants[72] ».

Ainsi, « les chasseurs élèvent des milliers d'animaux sauvages pour chasser les prédateurs. Or ces animaux sauvages habitués aux hommes connaissent davantage de risques de se diriger vers les champs et les routes entraînant d'éventuels dégâts pour les cultures et favorisant les accidents de la route »[73]. de même ils reviennent en ville et cause des dommages aux habitants,

[71] Jacky DUPONTEIX, « Plaidoyer pour la chasse », http://lachapellegonaguet.free.fr/assochassplaidoyer.html

[72] M. BIGORRE, op.cit.

[73] *Idem.*

dans nos jardins, nos domaines agricoles et peuvent disséminer des virus mortels (le sida, la peste, etc.).

Selon Willy Schraen, forêts et campagnes seraient submergées par le gibier, au risque de dérégler les écosystèmes : « Nous ferions face à une surpopulation de lapins de Garenne, de faisans, de pigeons. On imagine les cervidés, et leurs impacts sur les arbres en forêt... Aujourd'hui nous sommes déjà obligés de prendre des arrêtés préfectoraux pour gérer d'autres espèces à problèmes que les sangliers ! »[74].

Yves Vérilhac, directeur général de la Ligue de Protection des Oiseaux, soutient que : « pour préserver leur sport, ils tuent les prédateurs : renards, fouines, martres, blaireaux... Une étude montre que tuer autant de renards entraîne l'accroissement des rongeurs porteurs de la maladie de Lyme. ». Et donc pour lui : « Les chasseurs qui seraient les garants pour nous protéger de la nature, c'est un vieux fantasme. Ils nous apportent plus de problèmes que de solutions »[75].

Plus précisément, « Les chasseurs ont alors tout fait pour développer les populations de sangliers en faisant du nourrissage et en faisant du lâcher de bêtes [une pratique depuis interdite, NDLR]. » Sa réintroduction a été incitée dans les années 1970, au moment où « le petit gibier de plaine avait été sévèrement impacté par l'agriculture intensive », explique Dominique Py, représentante de France Nature Environnement (FNE) au Conseil national de la chasse et de la faune sauvage.

Depuis, le sanglier s'est épanoui sur le territoire français. L'animal a profité de l'intensification des cultures de maïs où il trouve gîte et couverts. Le dérèglement climatique lui procure des hivers doux qui favorisent la survie de ses petits. L'homme lui a même fait la fleur de supprimer son principal prédateur. « Le sanglier composait 40% du régime alimentaire du loup. S'il revenait, la régulation serait moindre, pointe Dominique Py. L'argument de la régulation ne vaut que pour une minorité d'espèces : le sanglier, le chevreuil, et le cerf, trois espèces ongulées. C'est marginal par rapport à ce qui est chassé : une soixantaine d'espèces d'oiseaux et une trentaine de mammifères. »[76]

---

[74] Moran Kerinec, dans : « Que se passerait-il si on arrêtait de chasser en FRANCE? », 12 novembre 2021 à 9h44, SLATE.FR Société, http ://www.slate.fr/story/218772/que-se-passerait-il-si-arreter-chasser-france-interdire-chasseurs-sangliers; consulté le 30/03/2021

[75] Yves Vérilhac, « Les chasseurs qui seraient les garants pour nous protéger de la nature, c'est un vieux fantasme. » Cité par Moran Kerinec, dans : « Que se passerait-il si on arrêtait de chasser en FRANCE? » (Les sangliers, bêtes noires des agriculteurs) 12 novembre 2021 à 9h44, SLATE.FR Société, http ://www.slate.fr/story/218772/que-se-passerait-il-si-arreter-chasser-france-interdire-chasseurs-sangliers; consulté le 30/03/2022.

[76] *Ibid.*

Nous pensons à l'instar de Albert Einstein cité par Pierre Rigaux, qu' : « On ne résout pas un problème avec les modes de pensée qui l'ont engendré »[77]. À ces égards la chasse s'auto-entretient.

Le paradoxe est que, dans ce contexte, les chasseurs puissent défendre leur rôle nécessaire à la régulation des écosystèmes[78]. Ainsi, ils prétendent être des protecteurs de la biodiversité, sous couvert de l'office français de la biodiversité. Avec l'autorisation dudit office, l'arrêté du 26 juin 1987 fixe la liste des espèces chassables. Un arrêté du 2 septembre 2016 vise à inscrire dans un arrêté distinct les espèces exotiques envahissantes chassables. Il s'agit essentiellement des prédateurs et de la régulation par la chasse des espèces voraces non indigènes classées nuisibles et des espèces exotiques envahissantes[79]. À Strasbourg à la Citadelle, on trouve des tortues de Floride qui ont colonisé l'étang.
Ainsi, la FRANCE détient de tristes records de chasse en Europe : « 30 millions d'animaux sont tués chaque saison et 5 millions d'entre eux sont blessés[80]. Bilan pire que celui les Wildlife Services, une division du département de l'Agriculture américain responsable de la gestion des espèces sauvages, un programme du département de l'Agriculture des États-Unis chargé de s'occuper des animaux sauvages menaçant la santé et la sécurité publique. 1,75 million : c'est le nombre d'animaux sauvages que le gouvernement américain a abattu au cours de l'année 2021 via les Wildlife Services. Cela représente 200 animaux tués par heure. Il s'agit : d'une grande variété, allant des alligators aux colombes, en passant par les loutres, les ours noirs, les hiboux, coyotes, loups gris, porcs-épics, cormorans, tatous, serpents, renards et autres tortues. L'animal le plus touché est l'étourneau, dont plus d'un million de spécimens ont été abattus. Certaines espèces envahissantes, susceptibles de menacer les écosystèmes, comme les ragondins et les porcs sauvages, sont aussi des cibles privilégiées. Cet abattage serait nécessaire afin de préserver non seulement les productions agricoles et la santé humaine, mais aussi les espèces menacées. Elle agit souvent à la demande d'éleveurs, d'agences d'État ou d'aéroports. Des défenseurs de la cause animale, qui dénoncent la cruauté de cet abattage massif, et en pointent

---

[77] Pierre Rigaux,« La chasse au sanglier : histoire d'une escroquerie nationale » ; https ://blog.defi-ecologique.com › ; consulté le 24/02/2022

[78] Moran Kerinec, dans : « Que se passerait-il si on arrêtait de chasser en FRANCE? », (Les sangliers, bêtes noires des agriculteurs) 12 novembre 2021 à 9h44, SLATE.FR Société, http ://www.slate.fr/story/218772/que-se-passerait-il-si-arreter-chasser-france-interdire-chasseurs-sangliers; consulté le 30/03/2021

[79] Voir plus : https ://www.ecologie.gouv.fr/chasse-en-France

[80] Fondation Brigitte BARDOT, « LA CHASSE : UN PROBLÈME MORTEL » :
https ://www.fondationbrigittebardot.fr/la-fondation/nos-combats/chasse/; consulté le 02/12/2021.

l'inefficacité sanitaire et que le ciblage de prédateurs comme les coyotes et les ours peut pourtant perturber les écosystèmes, voire favoriser la propagation d'espèces envahissantes.[81]».

« Tuer les prédateurs, élever et lâcher des millions d'animaux, pour ensuite avoir l'indécence de faire figure de « sauveurs », de se prétendre « régulateurs » indispensables, relève de la pure imposture. Ces chasseurs jugent les prédateurs (renards...) trop nombreux, car ils les considèrent comme des concurrents à éliminer. Ces espèces ne sont jamais trop nombreuses, sinon elles se verraient contraintes de mourir de faim du fait d'une insuffisance de proies. De nombreuses espèces s'autorégulent en fonction de la surface de leur territoire et de la quantité de nourriture disponible. Donc, il n'y a que de la prédation dans l'écosystème de la faune. [82]»
En FRANCE, comme cité, « les chasseurs ont volontairement développé les populations de sangliers dont ils entretiennent les sureffectifs »[83]. Si toutefois une espèce venait à être en surnombre, des solutions pacifiques existent, nul besoin d'hommes armés dans nos campagnes. Le cas des dégâts des sangliers dans les plantations de maïs est le plus souvent relayé. La cohabitation de cette espèce en milieu urbain justifie l'ouverture de la période de chasse contre celle-ci. Pierre Rigaux, affirme que : « Force est de constater que la chasse, telle qu'elle est pratiquée depuis plusieurs décennies, n'a pas permis de faire diminuer le nombre de sangliers. Certains agriculteurs réclament le droit d'abattre eux-mêmes les sangliers par affût, en dehors du contexte de la chasse. Cette pratique était autorisée jusqu'en 1969, avant la mise en place des indemnisations ! Du côté des chasseurs, des agriculteurs ou des gestionnaires, les réflexions et revendications portent essentiellement sur la « meilleure façon de tuer ». Rares sont les recherches sur des méthodes alternatives. Encore rares en FRANCE, et même plus nombreux, les loups ne suffiraient certes pas à réduire les effectifs de sangliers aux endroits souhaités, mais ils pourront y contribuer ». Pourtant ces animaux fabuleux n'occasionnent pas de dégâts aussi

[81] « Un coyote en train de courir », à Chino, en Californie, le 27 octobre 2020. | Robyn Beck / AFP ; Rapporté par Slate.fr « Un massacre animalier : les États-Unis ont tué 1,75 million d'animaux sauvages en un an », sam. 26 mars 2022.

[82] V. RAC. Pourquoi abolir la chasse ? « Réfutation des principaux arguments des chasseurs », LES CHASSEURS REGULENT LA FAUNE, (Afin d'obtenir la caution de la population, les chasseurs veulent faire passer leur loisir pour un impératif de service public, se prétendant indispensables à l'équilibre de la faune. Qui peut croire que leurs motivations relèvent d'un quelconque souci de régulation ?) ; « Les lâchers de « gibier » »,
(Vous avez sans doute déjà aperçu, au bord d'une voie rapide ou au détour d'un sentier, un faisan ou un lièvre peu farouche au point de se laisser approcher à quelques centimètres, en quête de nourriture. Vous vous êtes peut-être dit alors que les animaux sauvages s'étaient enfin rendu compte que l'homme est leur meilleur ami...) ;
« Foire aux questions (FAQ). Pourquoi lutter contre la chasse ? Que reprochez-vous à cette pratique ? »
https://www.france-sans-chasse.org/?s=%C3%A9lever+et+tuer&post_type=all

[83] Voir : Le RAC, qui sommes-nous ?

importants que ceux auxquels on veut nous faire croire. Idem pour l'ours dans les vallées pyrénéennes[84].

De ce qui précède, la régulation de l'espèce animale en sureffectif par les chasseurs, on peut se poser légitimement la question de savoir si la chasse ne remplit pas une autre fonction que la régulation de certaines espèces animales. L'on assiste assurément à une « marchandisation politique et culturelle » de la chasse au motif de la régulation de certaines espèces.

La gestion de la faune et des espaces naturels confiée à l'office français de la biodiversité doit rester la mission de fonctionnaires formés et diplômés, au sein d'instances départementales ou régionales, dont le travail consisterait en priorité à mettre en œuvre les conditions d'une cohabitation pacifique et harmonieuse entre les animaux sauvages et l'homme, fondée sur la prévention, la protection et la restauration[85]. Mieux encore, on pourrait se servir des nouveaux moyens ou outils de la technologie[86], pour dénombrer et localiser ces espèces dites nuisibles. Ainsi serait garanti le maintien de ces espèces, en les délocalisant ou non, dans leurs milieux naturels adaptés à l'épanouissement de leur condition de vie. Ce qui relève du respect de la dignité animale, de notre responsabilité ou de notre humanisme.

La régulation doit donc rester exclusivement l'affaire des pouvoirs publics et donc des gardes de la faune sauvage, et non celle des particuliers ni des fédérations, dont l'objectif pour certains d'entre eux, n'est pas seulement l'équilibre de la nature ou de la population animale, mais également le plaisir de tuer[87], de brandir des trophées de chasse. Les pratiques de chasse sont nombreuses. Elles ont chacune leur rituel, leur implantation locale.

Certains rares territoires ont choisi de stopper la chasse de loisir. C'est le cas du canton de Genève en Suisse précité. Les ongulés qui occasionnent des dégâts aux cultures y sont régulés par des chasseurs professionnels, employés par l'État. Ces fonctionnaires participent également

---

[84] Pierre Rigaux, *op.cit.*
« Afrique du Sud : Une chasseuse abat une girafe et se prend en photo avec son cœur », Elle justifie son geste en déclarant que : « tuer la girafe taureau vieillissante aide à sauver les espèces menacées en Afrique du Sud ». https ://www.leprogres.fr/faits-divers-justice/2021/02/23/une-chasseuse-abat-une-girafe-et-se-prend-en-photo-avec-son-coeur ; consulté le 24/02/2021.

[85] Le RAC qui sommes-nous précité.

[86] Une surveillance caméra est déjà installée dans les forêts tropicales. Il existe même des détecteurs d'espèces animale. On pourrait faire évoluer ces dispositifs électroniques liés à internet. https://fr.depositphotos.com/stock-footage/animaux-des-for%C3%AAts-tropicales.html

[87] Voir : « Afrique du Sud : Une chasseuse abat une girafe et se prend en photo avec son cœur », Elle justifie son geste en déclarant que « tuer la girafe taureau vieillissante aide à sauver les espèces menacées en Afrique du Sud ». Image n°5/ Voir Annexe N°3 : https ://www.leprogres.fr/faits-divers-justice/2021/02/23/une-chasseuse-abat-une-girafe-et-se-prend-en-photo-avec-son-coeur ; consulté le 24/02/2021.

à la prévention des dégradations. Cette méthode de gestion coûterait environ un million de francs suisses par an, soit une somme équivalente en euros[88].
Willy Schraen, président de la Fédération nationale des chasseurs, estime que : « L'exemple du canton de Genève est irréalisable à l'échelle d'un pays comme la FRANCE »[89].
L'étho-anthropotechnologue Manue Piachaud a étudié ce cas pendant trois ans. Elle observe dans une étude que « l'arrêt de la chasse a un impact positif sur les oiseaux aquatiques, qui recolonisent les eaux genevoises dès l'automne suivant l'arrêt de la chasse. Aujourd'hui, une diversité des oiseaux d'eau est observable partout dès lors qu'un bon équilibre existe entre zones chassées et espaces protégés. » Revers de la médaille, la chercheuse constate également que « le contrôle du sanglier ne peut être évité en raison de la capacité prolifique de cette espèce. » Cette recherche indique cependant que l'extension de la régulation à d'autres espèces problématiques (comme le chevreuil) est nécessaire au cas par cas, pour éviter les situations conflictuelles et préserver les ressources jugées utiles par l'humain.[90].
La peur des situations conflictuelles, ne doit pas dissuader à adopter des mesures indispensables à la préservation de l'équilibre de nos écosystèmes, la survie de notre humanité.

2. Prédateurs de l'espèce animale demeurent ses meilleurs régulateurs

Le constat est fait que malheureusement, la disparition de la faune sauvage puisse compliquer la dissémination des graines, et par extension la régénération des forêts. Celles-ci apportent pourtant une contribution incontournable à la planète et à la lutte contre le réchauffement climatique qui nuit déjà à de nombreuses espèces.
Ainsi, la disparition des prédateurs au sein d'une chaîne alimentaire entraîne la multiplication des proies qui ont alors plus de difficultés à se nourrir et l'effet se répercute ainsi sur tous les maillons de la chaîne.
On estime que l'extinction d'une seule espèce peut conduire à la disparition d'une trentaine d'autres. Autrement dit, la préservation de la biodiversité demeure un point fondamental de toutes les politiques d'aujourd'hui.

---

[88] Yves Vérilhac, « Les chasseurs qui seraient les garants pour nous protéger de la nature, c'est un vieux fantasme.». : « L'exemple du canton de Genève » ; précité par Moran Kerinec, dans : « Que se passerait-il si on arrêtait de chasser en FRANCE? », 12 novembre 2021 à 9h44, SLATE.FR Société, http ://www.slate.fr/story/218772/que-se-passerait-il-si-arreter-chasser-france-interdire-chasseurs-sangliers; consulté le 30/03/2022.
[89] *Ibid.*
[90] *Ibid.* : cocoparisienne via Pixabay

60 % des espèces sauvages de notre planète ont disparu en l'espace de 40 ans et au rythme actuel qui est le nôtre, il faudra beaucoup moins de temps pour voir s'éteindre le reste[91].
La chasse est interdite depuis une trentaine d'années en Inde et dans tout le sous-continent indien ainsi qu'en Afrique de l'Est. En Europe, elle est marginale aux Pays-Bas. Tous ceux qui ont pu aller sur place dans ces pays ont pu constater qu'aucun déséquilibre ne résultait de l'interdiction de chasser[92]. Le canton de Genève en Suisse a valeur d'exemple de l'interdiction de la chasse approuvée par 72% de la population, depuis 47 ans le 14 mai 1974 et tout se passe bien. Un exemple salué par l'ASPAS (l'association pour la protection des animaux sauvages), mais qui contrarie un lobby toujours paniqué par la vie sauvage… canton-Genève-web
Aujourd'hui, la faune du canton de Genève est devenue exceptionnellement riche, et les promeneurs apprécient la quiétude des lieux. Depuis l'arrêt de la chasse, les seuls problèmes notables n'ont été que politiques ou psychologiques, mais certainement pas écologiques. Pourtant, en 1974, le petit monde des chasseurs s'était affolé, maudissant les écologistes et prédisant d'épouvantables pullulations. Même phénomène en FRANCE en 1972, lorsque la chasse des rapaces a été interdite. Les chasseurs paniqués multipliaient les prévisions alarmistes. Aujourd'hui, on observe couramment des faucons jusqu'au cœur des villes, et aucun excès n'a été signalé…[93]. Même si la chasse persiste, comme l'affirme la Fédération cynégétique Genevoise[94], elle n'est assurée que par les gardes forestiers. L'effectif des gardes doit donc être augmenté, non seulement pour réprimer le braconnage[95] mais pour protéger effectivement la faune et en améliorer la connaissance[96] pour permettre la délocalisation

---

[91] Braconnage : une des plus grandes menaces pour la biodiversité, Qui sont les braconniers ? : https ://www.conservation-nature.fr/ecologie/le-braconnage/ ;
dans https ://www.ecosia.org/search?q=cons%C3%A9quence+du+braconnage+sur+la+biodiversit%C3%A9 ; consulté le 15 /12/2021.
[92] *Ibid.*
[93] Voir : ASPAS, « Joyeux anniversaire les Suisses : 40 ans sans chasse, et tout va bien ! », 13/05/2014, https ://www.aspas-nature.org/communiques-de-presse/joyeux-anniversaire-les-suisses-40-ans-sans-chasse-et-tout-va-bien/; consulté le 08/01/2022
Voir égal., https ://www.ge.ch › cohabiter-faune-sauvage › canton-...16 févr. 2021 ; consulté le 08/01/2022.
[94] Fédération cynégétique Genevoise, « GENÈVE, 47 ANS DE CHASSE SANS CHASSEURS », 22 avr. 2021 http ://chassegeneve.ch/actualites-genevoise/etat-des-lieux-40-ans-sans-chasse/. consulté le 08/01/2022.
[95] Tout le monde peut contribuer à stopper le braconnage. Des gestes simples peuvent faire la différence. Les idées suivantes peuvent aider à protéger les animaux d'Afrique.
1. Faites passer le mot à propos du braconnage. Plus grande circule l'information au sujet du nombre d'animaux tués, plus nombreuses seront les personnes susceptibles d'aider à contrarier cette activité cruelle.
2. Le tourisme est bon pour l'économie africaine. Le tourisme ne fait aucun mal aux animaux et bénéficie aux habitants. Soutenir le tourisme animalier permettrait d'empêcher les braconniers de chasser.
3. Soutenir les gardes qui protègent la faune dans les parcs nationaux. Ces gardes sont très importants, car ils effraient (se mettent en travers des activités des braconniers ?) les braconniers. Voir : PHILIPPA SUMNER, cité.
[96] Voir Livre de Gérard Charollois, « Abolir la chasse en France, c'est possible ! », CVN - Convention Vie et Nature - CVN - Convention Vie et Nature (ecologie-radicale.org).

rationnelle de certaines espèces qui sembleraient en sureffectif. Les moyens électroniques de géolocalisation pourraient être utilisés à cet effet. Selon Maurice BIGORRE, « à l'origine, la garderie fédérale était une garderie privée des Fédérations. Le décret du 2 Août 1977 octroie aux gardes la qualité d'agents publics. Dans les années quatre-vingt se jouera un mauvais feuilleton où il sera alors question de fonctionnarisation. Mais cette tragi-comédie politico-cynégétique aboutira à un modus vivendi qui ne satisfera réellement que les Présidents de Fédérations et à un moindre degré les Pouvoirs Publics, tout en mécontentant toutes les autres parties en présence. Les textes de 1986 feront du statut de gardes nationaux de la chasse et de la faune sauvage, un statut *sui generis* « amusant ». Nous espérons ce statut provisoire, car inadapté à un droit moderne de la chasse. Les gardes nationaux de la chasse et de la faune sauvage sont commissionnés par le Ministre chargé de la chasse, relèvent de l'Office National de la Chasse (ONC) et sont payés par ce dernier. Affectés dans une Fédération Départementale de Chasseurs (FDC), ils sont placés sous l'autorité du Président de la Fédération. Si leur notation relève de l'O N C, elle est cependant faite sur proposition des Présidents de F D C. En fait, c'est un peu, s'agissant d'une police nationale, comme si la Police de la Route était placée sous l'autorité des associations d'automobilistes »[97]. C'est incohérent, que les gardes nationaux de la chasse et de la faune sauvage, des agents publics soient notés sur proposition d'une personne morale dont ils ont la charge de contrôler les activités. Depuis le Décret n° 92-1235 du 24 novembre 1992 modifiant le décret n° 86-573 du 14 mars 1986 modifié portant statut des gardes nationaux de la chasse et de la faune sauvage[98], ledit statut n'a pas évolué.

Les chasseurs sont en définitive des prédateurs sans être des régulateurs naturels, des humains forts par leurs armes et intelligents par leurs connaissances, face à des victimes (les animaux) qu'ils tuent et dépècent dans leur milieu de vie biologique, sans considération pour le sang versé. Certaines personnes font des chasseurs, à tort, des chantres de la virilité. Pourtant, un homme dans la meilleure acception de ce terme, se devrait de respecter les animaux et de protéger l'environnement[99].

« Les prédateurs**[100]**, authentiques régulateurs naturels, sont systématiquement détruits par les chasseurs. Renard, martre, fouine, belette, putois sont même classés « nuisibles » (aujourd'hui « Susceptibles d'occasionner des dégâts » ce qui ne change rien à leur sort), un non-sens écologique, et sont ainsi tués toute l'année. Quant aux prédateurs protégés, en particulier les

---

97 M. BIGORRE, *op.cit.*

98 NOR : ENVN9200067D
JORF n°274 du 25 novembre 1992

99 PHILIPPA SUMNER, *op.cit.*

100 Image n°6/ Voir Annexe N°3 : Le marathon entre lions et bébés sangliers.

loups, ils subissent la pression des chasseurs qui obtiennent chaque année des autorisations de tirs, lorsque ce n'est pas en toute illégalité que des individus sont tués...

Dans les vastes zones sauvages, les Parcs Nationaux et les autres zones sans chasse, la faune s'équilibre naturellement depuis des milliers d'années.

Les prédateurs naturels régulent les populations de leurs proies en les maintenant en une bonne situation sanitaire, et réciproquement. En effet, ces prédateurs naturels ne sont jamais trop nombreux, sinon ils seraient contraints à mourir de faim du fait d'une insuffisance de proies. De nombreuses espèces s'autorégulent en fonction de la surface de leur territoire et de la quantité de nourriture disponible »[101].

D'ores et déjà, par rapport au respect de notre devoir à l'égard des espèces animales, il y a lieu de respecter les dispositions relatives à nos responsabilités pénale et civile. Le manquement à ces dispositions peut engager notre culpabilité au pénal ou notre responsabilité au civil.

---

[101] Le RAC(Le Rassemblement pour une FRANCE sans Chasse), « Réfutation des principaux arguments des chasseurs », https ://www.france-sans-chasse.org/abolition/refutation-arguments-chasseurs, consulté le 24/09/2021

B - Devoir de dépendance de l'homme à la faune

Le devoir de l'homme à l'égard de l'animal découle de la nature juridique conférée par l'homme à l'animal (1). C'est de cette nature juridique que découlera la responsabilité de l'homme ou la culpabilité du chasseur pour ses atteintes à l'espèce animale (2). Face aux conséquences de la crise de la biodiversité dont fait partie la disparition de l'espèce animale protégée et à la complexité de l'articulation des dispositions protectrices de l'animal, nos demandes préventives de sensibilisation se révèlent opportunes (3).

1. Nature juridique de l'animal

Notre perception de la protection due à l'animal part du postulat de la genèse de la protection juridique de l'animal depuis la création du Code civil par Napoléon dans lequel l'animal est considéré comme un « bien meuble » (art. 528) et sur lequel le propriétaire exerce un droit de propriété (version en vigueur du 04 février 1804 au 07 janvier 1999). L'article L. 110-1 du Code de l'environnement français considère que « les espèces animales et végétales, la diversité et les équilibres biologiques auxquels ils participent font partie du patrimoine de la nation »[102]. Si le droit français général considère les animaux sauvages comme des *res nullius*, il n'en va pas de même du droit local applicable dans les trois[103] départements. « Régi par la loi allemande du 07 février 1881, le droit de la chasse manifeste ici une approche patrimoniale du gibier (art. L. 429-1 à L. 429-18 du Code de l'environnement) : en Alsace et en Moselle, la commune administre le droit de chasse au nom et pour le compte du propriétaire du terrain concerné (art. L. 429-2 C. environnement ; le texte suivant exclut de cette réglementation certaines surfaces comme les terrains militaires, les forêts domaniales ou celles indivises entre l'État et d'autres propriétaires, ou les terrains entourés d'une clôture continue faisant obstacle à toute communication avec les propriétés voisines d'au moins 25 ha lorsque son propriétaire entend se réserver le droit de chasse sur son terrain) »[104]. Ce qui prélude du contrôle de la chasse et indirectement de la protection des animaux sauvages au regard du droit de propriété. C'est aussi sous l'article 1[er]du 1er Protocole de la Convention européenne de sauvegarde des droits de l'Homme et des libertés fondamentales du 4 novembre 1950 que la Cour a condamné la FRANCE en raison des dispositions de la Loi n°64-696 du 10 juillet 1964 dite Loi « Verdeille »

[102] Y. STRICKLER, *L'animal, Propriété, Responsabilité, Protection*, *op. cit.*, p. 92.
[103] Le Bas-Rhin, le Haut-Rhin et la Moselle.
[104] Y. STRICKLER, *Les biens,* Thémis droit PUF, septembre 2006 ; p. 133, point 82.

qui prévoyait l'obligation pour les petits propriétaires d'adhérer aux associations communales de chasse agréées et par là même de laisser les chasseurs pénétrer sur leurs terrains. Elle y a vu une charge démesurée et a préféré privilégier la possibilité, pour les propriétaires de terrains, de s'opposer au nom de leurs convictions personnelles sur la pratique de la chasse, à l'entrée de personnes armées sur leur fonds[105&106]. Pour rappel, avec la Convention européenne de sauvegarde des droits de l'Homme et des libertés fondamentales du 4 novembre 1950, le droit de propriété est qualifié de *droit l'Homme* (cf. Protocole additionnel n° 1, art. 1er). Si la Convention dans son état d'origine ne comportait aucune disposition relative au droit de propriété, dès le 20 mars 1952, l'article 1er du 1er Protocole vient affirmer que : « Toute personne physique ou morale a droit au respect de ses biens [...]. » La Charte des droits fondamentaux de l'Union européenne du 7 décembre 2000 vient pour sa part le placer en un article 17 dans un chapitre second relatif aux *Libertés*. C'est au juge européen, et spécialement celui de Strasbourg[107], qu'il est revenu de développer la protection du droit énoncé. Pour la Cour et de jurisprudence constante, l'article 1er du Protocole n° 1 comprend trois normes distinctes[108] dont deux ont trait à des exemples particuliers d'atteintes au droit de propriété (l'une vise la privation de propriété en la soumettant à certaines conditions, l'autre reconnaît aux États le pouvoir de réglementer l'usage des biens conformément à l'intérêt général...)[109]. Avec l'arrêt Marckx du 13 juin 1979, la Cour a précisé l'objet de cet article qui vient selon elle garantir « en substance le droit de propriété. Les mots « biens », « propriété », « usage des biens », en anglais *possessions* et *use of propecty*, le donnent nettement à penser ». Cette substance doit donc être protégée et, si l'ingérence dans le droit de propriété peut être justifiée par des considérations tenant à l'intérêt public, il appartient à la Cour de « rechercher si un juste équilibre a été maintenu entre les exigences de l'intérêt général de la communauté et les impératifs de sauvegarde des droits fondamentaux de l'individu »[110]. « Le juge européen

---

[105] CEDH, *Chassagnou et autres c/FRANCE*, 29 avril 1999, AJDA, 1999, AJDA, 1999.922, note F. Priet, JCP. E. Alfandari, L'adhésion forcée à une association de chasse est condamnée par la Cour européenne des droits de l'homme, D., 2000, chron., 141. Comp. pour le droit local d'Alsace-Moselle : supra, n°82. Cité par Yves STRICKLER, *Les biens*, Thémis droit puf, septembre 2006 ; p.303, point 221.
[106] Y. STRICKLER, *Les biens, op. cit.*, p. 303, point 221.
[107] V. BERGER, *Jurisprudence de la Cour européenne des droits de l'homme*, préf. L.-E. Petit, Sirey, 9e éd., 2004. Cité par Y. STRICKLER, *Les biens, op. cit.*, p. 301, point 221.
[108] La première énonce le principe du respect de la propriété
[109] V. CEDH, *Sovtransavto Holding c/Ukraine*, 25 juillet 2002, point 90 (http ://www.echr.coe.int/echr).
[110] CEDH, *Sporrong et Lönnroth c/ Suède*, 23 septembre 1982, point 69 – la procédure d'expropriation telle que conçue faisait du droit de propriété des requérants, compte tenu de sa longueur programmée, un droit « précaire et révocable » (point 60). Depuis et par ex. : James et autres c/ Royaume-Uni, 24 octobre 1986 ; Mellacher et autres c/ Autriche, 19 décembre 1989, Clunet, 1990.742, obs. P. Tavernier.

contrôle ainsi la proportionnalité de l'atteinte portée au droit de propriété au regard de l'objectif poursuivi ».[111]

C'est l'esprit de l'usage des biens conformément à l'intérêt public que nous devrions retenir ici. Si l'animal est un *res nullius*, notre intérêt général porte sur la sauvegarde de la biodiversité alors même que des espèces animales se trouvent en voie de disparition.

Selon l'article R. 411-5 du Code de l'environnement français, l'animal non domestique ne doit pas avoir subi de modification par sélection de la part de l'homme. La liste des animaux non domestiques concernés est fixée par arrêté du 21 janvier 2010[112]. L'objectif du Code de l'environnement en FRANCE et plus particulièrement de la loi Nature du 10 juillet 1976 codifiée est la préservation du patrimoine biologique. L'animal est donc appréhendé en tant qu'espèce, dans sa globalité et non en tant qu'individu. Les règles de préservation permettent *in fine* une protection de certaines espèces sauvages dont la liste est préétablie[113] et se trouve régulièrement modifiée. Il existe des degrés de protection différents en fonction des espèces et des habitats. Seule la protection contre la chasse nous intéresse ici. À cet égard, nous proposons que les degrés de protection soient uniformes pour toutes les espèces conformément à l'objectif de préservation du patrimoine biologique[114].

La loi du 10 juillet 1976 fixe les principes fondamentaux de la protection animale : l'animal est un être sensible, qui doit être placé dans des conditions compatibles avec ses impératifs biologiques. Il est interdit d'exercer des mauvais traitements envers les animaux. Il est interdit d'utiliser des animaux de façon abusive (Code rural et de la pêche maritime français, article L. 214-1 à L. 214.3). L'article L. 214-1 visant les « conditions compatibles avec les impératifs biologiques » de l'espèce s'apparente à la considération, dans un autre domaine, de l'article 651 a du Code civil suisse qui utilise le critère du bien-être de l'animal quant à un régime d'attribution préférentielle de l'animal.

En 1999, à la suite d'une nouvelle loi de protection animale, le Code civil français est modifié, afin que les animaux, tout en demeurant des biens, ne soient plus totalement assimilés à des choses. De plus, l'article 521-1 du Code pénal « protège l'animal dans sa nature d'être sensible

---

[111] Y. STRICKLER, *Les biens*, *op. cit.*, pp. 301 et 302, point 221.

[112] Art. R. 411-5 C. français de l'environnement. Une liste d'animaux ayant subi des modifications par sélection de la part de l'Homme doit être fixée par arrêté ou circulaire interministériels. Une circulaire fixant une telle liste n'avait été signée que par le ministre de l'Environnement. Le Conseil d'État a annulé les dispositions de la circulaire pour incompétence : Cons. D'État, 24 fév. 2006, LPO, req. n°25180. Par suite un arrêté interministériel a été adopté : arrêté du 11 août 2006 fixant la liste des espèces, races ou variétés d'animaux domestiques ; Voir arrêté du 21 janv. 2010 modifiant l'arrêté du 30 mars 1999 fixant la liste des espèces animales non domestiques prévus à l'article R.213-III du Code rural français. Cité par Yves STRICKLER, *op. cit.*

[113] Voir Annexe 2/.

[114] Sur ce point, v. *infra*, p. 45.

en condamnant lourdement les sévices graves commis envers les animaux placés sous responsabilité humaine. [115]»

En 2009, le bien-être animal, est consacré en tant qu'une valeur de l'Union européenne. La Cour de Luxembourg, « réunie en grande chambre, focalise l'essentiel de sa décision sur les deux premières questions, traitées conjointement. Elle rappelle avant tout que l'obligation d'étourdissement préalable, et plus généralement l'ensemble du règlement n° 1099/2009 soumis à son interprétation, traduisent le fait que le bien-être animal constitue une valeur de l'UE consacrée tant par l'article 13 TFUE que par la jurisprudence (v. not. l'arrêt Liga van Moseténpréc., §§ 63-64 ; CJUE 23 avr. 2015, Aff. C-424/13, Zuchtvieh-Export, § 35).[...] Ainsi, la promotion du bien-être animal peut être vue comme un progrès du point de vue d'une grande partie de l'opinion publique, les citoyens touchés par ces mesures n'en doivent pas moins garder un arrière-goût amer[116]. »

Le signe le plus marquant d'une réelle volonté de protéger les animaux domestiques en raison même de leur sensibilité est la promotion du concept de bien-être animal. Cette notion apparaît déjà dans la convention européenne sur la protection des animaux dans le transport international du 13 décembre 1968[117]. Elle a fait l'objet d'un protocole additionnel le 10 mai 1979... et se retrouve dans toutes les conventions du Conseil de l'Europe relatives à la protection des

[115] Cass. crim., 25 septembre 2012, n° 11-86400, inédit au Bulletin civil.
– M. Bernard X...,
– Mme Dominique Y..., épouse X...,
contre l'arrêt de la cour d'appel de DIJON, chambre correctionnelle, en date du 30 juin 2011, qui, pour sévices graves ou acte de cruauté envers animaux, mauvais traitement à animaux par un professionnel, a condamné le premier à six mois d'emprisonnement avec sursis et 15 000 euros d'amende, cinq ans d'interdiction professionnelle et une interdiction définitive de détenir un animal, et, qui, pour mauvais traitement à animaux par un professionnel, a condamné la seconde à six mois d'emprisonnement avec sursis et 7 500 euros d'amende, cinq ans d'interdiction professionnelle et une interdiction définitive de détenir un animal, et a prononcé sur les intérêts civils.
Attendu que les énonciations de l'arrêt attaqué mettent la Cour de cassation en mesure de s'assurer que la cour d'appel a, sans insuffisance ni contradiction, répondu aux chefs péremptoires des conclusions dont elle était saisie et caractérisé en tous leurs éléments, tant matériels qu'intentionnel, les délits dont elle a déclaré le prévenu coupable ;
D'où il suit que les moyens, qui se bornent à remettre en question l'appréciation souveraine, par les juges du fond, des faits et circonstances de la cause, ainsi que des éléments de preuve contradictoirement débattus, ne sauraient être admis ;
Et attendu que l'arrêt est régulier en la forme ;
REJETTE les pourvois ;
Décision attaquée : Cour d'appel de Dijon du 30 juin 2011
« Cet arrêt illustre de ce pourquoi l'article 521-1 du Code pénal issu de la loi du 6 janvier 1999 a été adopté ».

[116] Site de la Cour de justice de l'Union européenne. https ://www.dalloz-actualite.fr/flash/nouvelle-confrontation-entre-bien-etre-animal-et-abattage-rituel#.YDPxwtWg9Pa ; consulté le 22/02/2021.

[117] Elle a fait l'objet d'un protocole additionnel le 10 mai 1979 et a été révisée le 6 novembre 2003.

animaux dans les élevages[118] et la Convention européenne pour la protection des animaux de compagnie.

Certes, ces Conventions affirment qu'une expérience sur les animaux ne doit pas être effectuée s'il existe une méthode alternative[119], mais elles n'érigent pas véritablement cette règle en principe puisqu'elles ne l'introduisent qu'après une longue énumération des conditions dans lesquelles les expérimentations doivent être effectuées pour être « supportables » pour les animaux. [120]

Une proposition de loi relative à la protection animale est effectuée le 13 novembre 2012 dans laquelle figure l'article 515-14 disposant que : » Les animaux sont des êtres vivants doués de sensibilité. Ils doivent être placés dans des conditions conformes aux impératifs biologiques[121] de leur espèce et au respect de leur bien-être ».

Selon l'article 528 à l'article 514-13 du Code civil, l'animal passe du statut de bien meuble (une chose, un mobilier par nature sans sensibilité) à celui d'être sensible, avec un autre entendement, qu'il reste meuble pour les cas non prévus par la Loi.

Le 28 janvier 2015 en FRANCE, l'Assemblée Nationale statue définitivement en adoptant le projet de loi : l'amendement Glavany est adopté ; les animaux sont reconnus comme des êtres vivants doués de sensibilité. Le régime juridique (biens meubles ou immeubles) reste inchangé et les règles régissant leur propriété continuent à s'appliquer.

Cette mesure symbolique est perçue positivement par les associations animalières et les amoureux des animaux qui la voient comme un premier pas vers l'évolution de la place accordée aux animaux dans notre société.

L'article 515-14 du Code civil précise : « Les animaux sont des êtres vivants doués de sensibilité. Sous réserve des lois qui les protègent, les animaux sont soumis au régime des biens corporels ».

Ces dernières dispositions ne portent que sur les animaux de compagnie. Elles méritent d'être révisées pour tenir compte de notre intérêt général à équilibrer la biodiversité.

---

[118] Convention européenne sur la protection des animaux dans les élevages (10 mars 1976) visant à améliorer la protection due aux animaux d'élevage, notamment dans le cas de l'élevage intensif et protocole additionnel (6 mai 1992), convention européenne sur la protection des animaux d'abattage (10 mai 1979), convention européenne sur la protection des animaux vertébrés utilisés à des fins expérimentales ou à d'autres fins scientifiques (18 mars 1986) et protocole additionnel (22 juin 1998), convention européenne pour la protection des animaux de compagnie (13 novembre 1987).

[119] Article 6, paragraphe 2 de la convention ; article 7, paragraphe 2, de la directive.

[120] La protection internationale et européenne des animaux, Olivier DUBOS, Jean-Pierre MARGUENAUD, *in* Pouvoirs 2009/4 (n° 131), pp 113 à 126, https ://www.cairn.info/revue-pouvoirs-2009-4-page-113.htm ; consulté le 10/04/2021.

[121] Voir loi du 10 juillet 1976 précitée.

Il apparaît regrettable que ces dispositions ne passent sous silence le placement de l'animal dans des conditions compatibles avec les impératifs biologiques de son espèce et le respect de son bien-être, prévu dans la proposition de loi du 13 novembre 2012 précitée.
Ici, il n'est question que de droits extrapatrimoniaux, non évaluables en argent, justifiés par sa nature d'être vivant et souffrant-« du droit à la vie, à l'intégrité corporelle, à l'épanouissement de ses conditions de vie dans un milieu adapté... Mais on sort d'une logique de droit civil pour entrer dans le cadre de droit fondamental qui convient mieux à l'appréhension juridique de l'animal »[122].
Ainsi, « il n'y aurait nul besoin de reconnaître une quelconque personnalité à l'animal, non plus qu'aux arbres, aux cours d'eau ou aux déserts » selon les souhaits de la deepecology américaine[123].
Ces quatre citations d'auteurs venus chacun d'horizons différents viennent illustrer notre propos :
« Je crois que l'évolution spirituelle implique, à un certain moment, d'arrêter de tuer les êtres vivants que sont les animaux, simplement pour satisfaire nos désirs physiques ».
Mahatma Gandhi, prix Nobel
« Torturer un taureau pour le plaisir, pour l'amusement, c'est beaucoup plus que torturer un animal, c'est torturer une conscience ».
Victor Hugo, écrivain
« Le monde ne sera pas détruit par ceux qui font le mal, mais par ceux qui le regardent sans rien faire ».
Albert Einstein
« Nous n'héritons pas la terre de nos ancêtres, nous l'empruntons à nos enfants ».
Antoine de Saint Exupéry, aviateur et écrivain[124].
Ces quelques considérations amènent à établir qu'il s'agit davantage pour nous d'une idée du devoir de l'humain envers la vie que de considérations en termes de droits de l'animal. Ici, nous mettons en avant le devoir de l'homme et non le droit de l'animal. Du fait de sa fragilité dans la chaîne alimentaire, le droit à reconnaître aux animaux une protection par le droit fondamental

---

[122] L'idée s'en trouve déjà dans O. LE BOT, « Des droits fondamentaux pour les animaux : une idée saugrenue ? », RSDA 1/2010, p.11, qui, peut-être déçu par le Great Ape Project, considère qu'il n'est pas utile d'emprunter cette voie. Cité par Rémy LIBCHABER, « La souffrance et les droits. A propos d'un statut de l'animal », Chroniques Animal, Recueil Dalloz-13 février 2014-n°6 p. 387.
[123] V. L'art. Fondateur de C. Stone, Shouldtrees have standing ? Towardlegalrights for natural for objects, Southem California Law Review, 45-2, 1972, p.148. Cité par Rémy LIBCHABER, « La souffrance et les droits. A propos d'un statut de l'animal », Chroniques Animal, Recueil Dalloz-13 février 2014-n°6 p. 387.
[124] Citation sur le droit des animaux (oiseau-libre.net).

(droit à la vie) est en effet à la mesure des devoirs corrélatifs de l'homme[125] dont le manquement engage sa responsabilité et la culpabilité du chasseur.

2. Responsable de l'homme à l'égard des atteintes portées à l'animal

Lorsque l'action publique est mise en mouvement (a), les atteintes à l'animal peuvent entraîner la responsabilité civile voire pénale de l'auteur des faits délictueux (b).

a. Mise en mouvement de l'action publique

Toute personne ou toute victime d'atteinte à un animal, peut saisir par une déclaration de constat des faits, en main courante ou plainte de la victime, par mail ou par téléphone, un officier de police judiciaire (OPJ), un agent de police judiciaire (APJ)[126] ou un inspecteur de l'environnement[127], avec une préférence pour l'inspecteur de l'environnement, parce qu' « habilité » pour la protection des eaux et de la nature, qui mènera une enquête qu'il transmettra au Procureur de la République, lequel dispose de l'opportunité des poursuites et pourrait ou non saisir « les juridictions judiciaires compétentes » pour « trancher la culpabilité de l'auteur présumé »[128].

La voie pénale était une option pour le Procureur qui peut envisager la voie civile, avec l'éventualité d'un préjudice écologique.

Concernant la voie pénale privilégiée, nous pouvons évoquer les incriminations pénales, à savoir les différents articles du Code pénal et du Code de l'environnement que nous avons étudiés dans le détail (voir ci-dessous), le tribunal compétent est le Tribunal correctionnel.

Les voies pénales et civiles peuvent être complémentaires en envisageant une constitution de partie civile de la victime ou d'une association agréée pour la protection de l'environnement qui peut être saisie également par écrit (lettre ou courriel) ou par mail.

b. Classification des sanctions possibles

En cas d'atteinte à l'animal, l'auteur peut engager sa responsabilité pénale (1°) et, ou civile (2°), il encoure donc des sanctions pénale et/ou civiles.

---

[125] Citée par Y. STRICKLER, *L'animal. Propriété. Responsabilité. Protection, op. cit.*, p. 107.

[126] Du lieu de la commission des faits ou du domicile de la victime. Article 75 du Code de procédure pénale

[127] Article 28-3 du Code de procédure pénale.

[128] *Ibid.*

1°. Responsabilité pénale

Blesser un animal ou entraîner sa mort involontairement est puni de 450 € d'amende même si la blessure ou la mort a été entraînée par : maladresse, imprudence, inattention, négligence ou manquement à une obligation de sécurité ou de prudence réglementaire (art. R. 653-1 du Code Pénal) ; blesser un animal ou entraîner sa mort volontairement est puni de 1 500 € d'amende et de 3 000 € en cas de récidive. (art. R. 655-1 du Code Pénal)[129].

Les articles L. 428-29, R. 428-11-9°et R. 428-19 du Code de l'environnement constituent des dispositions spécifiques contre le braconnage.

La Loi n° 2004-204 du 9 mars 2004 - art. 8 () JORF 10 mars 2004, vient incriminer le terrorisme écologique à l'article 421-2 du Code pénal qui dispose que : « constitue également un acte de terrorisme, lorsqu'il est intentionnellement en relation avec une entreprise individuelle ou collective ayant pour but de troubler gravement l'ordre public par l'intimidation ou la terreur, le fait d'introduire dans l'atmosphère, sur le sol, dans le sous-sol, dans les aliments ou les composants alimentaires ou dans les eaux, y compris celles de la mer territoriale, une substance de nature à mettre en péril la santé de l'homme ou des animaux ou le milieu naturel ». Conformément à l'article 421-4 du même Code : « L'acte de terrorisme défini à l'article 421-2 est puni de vingt ans de réclusion criminelle et de 350 000 euros d'amende. Lorsque cet acte a entraîné la mort d'une ou plusieurs personnes, il est puni de la réclusion criminelle à perpétuité et de 750 000 euros d'amende. ».

La Loi n° 2016-1087 du 8 août 2016 pour la reconquête de la biodiversité, de la nature et des paysages, qui transpose la directive Oiseaux Habitats en FRANCE, prévoit des incriminations, pénales à caractère général et à caractère spécifiques, codifiées dans le Code de l'environnement. Nous retenons :

L'infraction générale de l'article L. 216-6 du Code de l'environnement français qui dispose que : « Le fait de jeter, déverser ou laisser s'écouler dans les eaux superficielles, souterraines ou les eaux de la mer dans la limite des eaux territoriales, directement ou indirectement, une ou des substances quelconques dont l'action ou les réactions entraînent, même provisoirement, des effets nuisibles sur la santé ou des dommages à la flore ou à la faune, à l'exception des dommages visés aux articles L. 218-73 et L. 432-2, ou des modifications significatives du régime normal d'alimentation en eau ou des limitations d'usage des zones de baignade, est puni de deux ans d'emprisonnement et de 75 000 euros d'amende. Lorsque l'opération de rejet est

[129] Voir plus : informations_regles_animaux.pdf (argences.com), consulté le 01/04/2021.

autorisée par arrêté, les dispositions de cet alinéa ne s'appliquent que si les prescriptions de cet arrêté ne sont pas respectées. Le tribunal peut également imposer au condamné de procéder à la restauration du milieu aquatique dans le cadre de la procédure prévue par l'article L. 173-9. Ces mêmes peines et mesures sont applicables au fait de jeter ou abandonner des déchets en quantité importante dans les eaux superficielles ou souterraines ou dans les eaux de la mer dans la limite des eaux territoriales, sur les plages ou sur les rivages de la mer. Ces dispositions ne s'appliquent pas aux rejets en mer effectués à partir des navires. Le délai de prescription de l'action publique des délits mentionnés au présent article court à compter de la découverte du dommage ». Cette incrimination plus large pouvant couvrir l'incrimination prévue à l'article L. 218-78 qui protège les poissons et crustacés de mer.
Les infractions spécifiques par rapport à l'infraction générale de l'article L. 216-6 du Code l'environnement, notamment : l'article L. 216-7 du même code qui dispose qu' : « Est puni de 75 000 euros d'amende le fait d'exploiter un ouvrage sans respecter les dispositions relatives :
1° A la circulation des poissons migrateurs, prévues ou arrêtées en application de l'article L. 214-17 et des dispositions auxquelles elles se substituent ;
2° Au débit minimal, prévues ou arrêtées en application de l'article L. 214-18 ; 3° Au débit affecté à un usage d'utilité publique, arrêtées en application de l'article L. 214-9. »

L'article L. 432-2 du même Code qui dispose que : « Le fait de jeter, déverser ou laisser écouler dans les eaux mentionnées à l'article L. 431-3, directement ou indirectement, des substances quelconques dont l'action ou les réactions ont détruit le poisson ou nui à sa nutrition, à sa reproduction ou à sa valeur alimentaire, est puni de deux ans d'emprisonnement et de 18 000 euros d'amende. Le délai de prescription de l'action publique des délits mentionnés au présent article court à compter de la découverte du dommage ».
Plus particulièrement les articles L. 411-1 à 5 du Code de l'environnement français déterminent quel est le régime applicable aux espèces protégées[130]. La détermination du statut d'espèces et habitats protégés permet la mise en œuvre de règles protectrices. Tous les actes portant atteinte à l'espèce animale protégée et à son milieu sont punis pénalement par un délit prévoyant une peine d'emprisonnement de 6 mois et une peine d'amende de 9 000 euros[131]. La Chambre criminelle de la Cour de cassation a ainsi confirmé, le 27 juin 2006, la condamnation d'un prévenu qui avait porté atteinte à un milieu abritant des espèces protégées, même en l'absence

---

[130] Art. L. 411-2, 1°,2° et 3° C. environnement. Voir plus : Y. STRICKLER, *L'animal. Propriété, Responsabilité, Protection, op. cit.*, p.94.
[131] Art. L. 415-3 Code de l'environnement français.

d'arrêté de protection de biotope[132]. Parfois la responsabilité de l'État est mise en cause pour les dégâts causés par les espèces protégées dont la régulation pose problème. Ainsi, malheureusement par dérogation, certaines espèces peuvent ainsi être détruites tels que le loup ou le grand cormoran, dès lors que les conditions de dérogations sont remplies. Ainsi, le Conseil d'État a considéré, le 20 avril 2005, que l'arrêté ministériel autorisant la destruction du loup n'était pas entaché d'illégalité dans la mesure où le prélèvement était limité à quatre individus et que l'existence de dommages importants causés au bétail apportait une grande perturbation à l'activité pastorale de la région[133]. Dans une affaire relative à l'abattage de loups, on constate que le Conseil d'État apprécie « le maintien, dans un état de conservation favorable, des populations des espèces concernées dans leur aire de répartition naturelle », condition nécessaire pour l'octroi d'une dérogation, non seulement sur le territoire français, mais sur l'ensemble du territoire européen. Selon lui, cette condition, qui fait obstacle à un abattage dont l'importance serait susceptible de menacer le maintien des effectifs de loups dans leur aire de répartition naturelle, doit être appréciée, conformément à l'interprétation qu'en donne la Cour de justice de l'Union européenne, par rapport à l'ensemble du territoire européen des États membres sur le fondement de la directive habitats. Ainsi, le juge apprécie la présence des loups en FRANCE et en ITALIE pour valider la dérogation en cause[134]. S'il y a possibilité de leur maintien dans l'espace européen, point besoin de les tuer. Il faut simplement les déplacer vers l'espace européen où il ne serait pas en sureffectif[135]..

Une espèce protégée ne peut survivre sans l'existence d'un habitat préservé. Aussi, paraît-il essentiel d'envisager des mesures protectrices des habitats des espèces protégées afin d'offrir une vision complète de la protection de l'animal.

Il faut rappeler que la Directive dite « Habitats » 92/43/CEE du 21 mai 1992, prolonge la Directive dite « Oiseaux », 79/409/CEE du 2 avril 1979.

L'objet de ces directives n'est pas de protéger des espèces en voie de disparition. Cet objet est en particulier assuré par le Règlement (CE) n° 338/97 du Conseil, du 9 décembre 1996.

---

[132] Cass. crim., 27 juin 2006, n°05-84090, Bull. crim., n°199 : « Le délit de destruction ou d'altération du milieu particulier à une espèce protégée, défini en termes clairs et précis par les articles L. 411-1, L.411-2, R. 411-1 et L.415-3 du Code de l'environnement français, ainsi que par les arrêtés ministériels qui dressent la liste des espèces animales et végétales concernées, n'est pas subordonné à l'intervention d'arrêté préfectoral de biotope. Il est imputable non seulement à l'entrepreneur qui exécute des travaux, mais aussi au propriétaire qui les ordonne sur son fonds ».

[133] Cons. D'État, 20 avr. 2005, ASPAS, n°271216. Voir également, Cons. d'État, 26 avr.2006, *FERUS*, n°271670.

[134] Y. STRICKLER, *L'animal. Propriété, Responsabilité, Protection, op. cit.*, pp. 101 et 102.

[135] Voir *supra*, pp .22 et 27, l'idée de régulation de l'espèce.

L'objectif de la Directive « Habitats » se veut beaucoup plus large et général, comme le définit son titre : « la conservation des habitats naturels ainsi que de la faune et de la flore sauvages. » L'annexe IV de la Directive liste 922 références, dont 323 sont des espèces animales et 599 des espèces végétales. Bien évidemment, ces 922 références ne sont pas toutes des espèces menacées, car peuvent présenter un intérêt communautaire au sens de la Directive toutes les espèces remarquables endémiques des biotopes européens. Par exemple, le lézard commun (lézard des murailles, présent sur l'ensemble du territoire français) est listé à l'annexe IV.
L'article 2 de la Directive définit son objectif et les mesures qu'elle entend voir prendre par les États :

1. La présente directive a pour objet de contribuer à assurer la biodiversité par la conservation des habitats naturels ainsi que de la faune et de la flore sauvages sur le territoire européen des États membres où le traité s'applique.
2. Les mesures prises en vertu de la présente directive visent à assurer le maintien ou le rétablissement, dans un état de conservation favorable, des habitats naturels et des espèces de faune et de flore sauvages d'intérêt communautaire.
3. Les mesures prises en vertu de la présente directive tiennent compte des exigences économiques, sociales et culturelles, ainsi que des particularités régionales et locales[136].

Visant prioritairement à favoriser le maintien de la biodiversité, cette directive contribue à l'objectif général d'un développement durable ; sans ignorer que le maintien de cette biodiversité peut, dans certains cas, requérir le maintien, voire l'encouragement, d'activités humaines. Ce même but du maintien des équilibres biologiques; est prévu depuis les Conventions de Washington sur le commerce international des espèces sauvages de flore et de faune menacées d'extinction, du 3 mars 1973 et de Berne relative à la conservation de la vie sauvage et du milieu naturel de l'Europe, le 19.IX.1979) ; en Afrique depuis la Convention de Londres du 13 mai 1900 et du 8 novembre 1933 en passant par celle d'Alger du 15 septembre 1968 et révisée en juillet 2003 à Maputo.
La directive Habitats complète la directive Oiseaux de 1979. Les articles L. 414-1 et suivants du Code de l'environnement transposent les directives Oiseaux et Habitats. Ces dispositions ont pour but la création d'un réseau européen appel *Natura 2000.* Il est constitué de deux types

[136] Voir : DIRECTIVE HABITATS ET L'APPLICATION DE L'ARTICLE L. 411-2 DU CODE DE L'ENVIRONNEMENT https ://view.officeapps.live.com/op/view.aspx?src=http%3A%2F%2Fwww.fondation-igd.org%2Fwp-content%2Fuploads%2F2019%2F11%2F19-05-28-Note-sur-lapplication-de-larticle-L-411-2-du-code-de-lenvironnement-1.doc&wdOrigin=BROWSELINk ; consulté le 01/03/2022.

de sites[137] à protéger : les « zones spéciales de conservation »[138] relatives à la faune et à la flore sauvage, et les « zones de protection spéciales » relatives aux oiseaux sauvages[139]. La désignation de ces zones permet la protection des biotopes et des habitats des espèces les plus menacées[140]. « Les sites Natura 2000 font l'objet de mesures destinées à conserver ou à rétablir les habitats naturels et les populations des espèces de faune et de flore sauvage qui ont justifié leur délimitation »[141].[142]

D'autres peines aux articles L. 428-1 à 5-1 et peines complémentaires aux L. 428-12 à 18 sont prévues dans Code de l'environnement français. Seuls deux articles L. 428-4 et 5-1 prévoient des peines plus élevées.

Cette pénalisation s'avère très faible au regard des comportements incriminés contre les animaux. Elle n'est que morale et ne porte principalement que sur des amendes. À notre sens, cette pénalisation remplit une autre fonction que la lutte contre la chasse ; elle s'apparente à un droit de contournement du droit protégé à travers le payement de cette amende.

---

[137] Marins ou terrestres.

[138] Instaurées par la directive Habitats.

[139] Instaurées en vertu de la directive Oiseaux.

[140] Art. L. 414-1 C. environnement français :

I. – Les zones spéciales de conservation sont des sites marins et terrestres à protéger comprenant :

- soit des habitats naturels menacés de disparition ou réduits à de faibles dimensions ou offrant des exemples remarquables des caractéristiques propres aux régions alpine, atlantique, continentale et méditerranéenne.
- soit des espèces de faune ou de flore sauvages dignes d'une attention particulière en raison de la spécificité de leur habitat ou des effets de leur exploitation sur leur état de conservation ;

II. - Les zones de protection spéciale sont :

- soit des sites marins et terrestres particulièrement appropriés à la survie et à la reproduction des espèces d'oiseaux sauvages figurant sur une liste arrêté dans les conditions fixées par décret en Conseil d'État ;

- soitdes sites marins et terrestres qui servent d'aires de reproduction, de mue, d'hivernage ou de zones de relais, au cours de leur migration, à des espèces d'oiseaux autres que celles figurant sur la liste susmentionnée.

III. – Avant la notification à la Commission européenne de la proposition d'inscription d'une zone spéciale, le projet de périmètre de la zone est soumis à la consultation des organes délibérants des communes et des établissements publics de coopération intercommunale concernés. (.....) ».

[141] Cons. d'Etat, 19 juin 2006, n°289274. Il s'agissait de la réalisation d'une ligne électrique à très haute tension Manosque à Nice.

[142] Voir : Y. STRICKLER, *L'animal. Propriété, Responsabilité, Protection, op. cit.*, pp. 97 et 98.

En attendant l'interdiction de la chasse en général, des peines de prison et d'amende doivent être encore renforcées pour les circonstances aggravantes réelles et spéciales[143] en matière d'infractions à la police de la chasse aux infractions autant que pour la récidive[144].

Bien que les circonstances aggravantes aient pour conséquence tant de transformer la nature de l'infraction[145] que d'en augmenter la répression[146], circonstances aggravantes réelles qui

---

[143] En cas de cumul des quatre circonstances spéciales de chasse suivantes :
... 1° de nuit ou en temps prohibé,
... 2° sur le terrain d'autrui ou dans une réserve de chasse approuvée par l'État établie en application de l'article L. 422-27 du code de l'environnement, ou dans le cœur ou les réserves intégrales d'un parc national ou dans une réserve naturelle en infraction avec la réglementation qui y est applicable,
... 3° à l'aide d'engins ou d'instruments prohibés ou d'autres moyens que ceux autorisés par les articles L. 424-4 et L. 427-8 du code de l'environnement ou en employant des drogues ou appâts de nature à enivrer le gibier ou à le détruire,
... 4° lorsque l'un des chasseurs est muni d'une arme apparente ou cachée.
Cette aggravation spéciale s'applique à tous les chasseurs dès lors qu'un seul d'entre eux était armé.
Selon l'article L. 428-4, II et III, ces mêmes peines s'appliquent, au fait de :
... 1° mettre en vente, vendre, acheter, transporter ou colporter du gibier en dehors des périodes autorisées en application de l'article L. 424-8, lorsque le gibier provient d'actes de chasse commis avec l'une des circonstances prévues aux 1°, 2° et 3° de l'article L. 428-4, I ;
... 2° en toute saison, mettre en vente, vendre, transporter, colporter ou acheter sciemment du gibier tué à l'aide d'engins ou d'instruments prohibés, lorsque ce gibier provient d'actes de chasse commis dans l'une des circonstances prévues aux 1o ou 2o de l'article L. 428-4, I.
Deuxième cas de cumul de quatre circonstances.
- Si l'infraction de chasse réunit les quatre circonstances spéciales de ...chasse de nuit ou en temps prohibé, ...avec usage d'un véhicule, ...en étant muni d'une arme apparente ou cachée et ...en réunion.

[144] Il s'agit exclusivement des infractions visées à l'article L. 428-5, I et II, c'est-à-dire :
... 1° de chasser sur le terrain d'autrui sans son consentement, si ce terrain est attenant à une maison habitée ou servant d'habitation, et s'il est entouré d'une clôture continue faisant obstacle à toute communication avec les héritages voisins ;
... 2° de chasser dans les réserves de chasse approuvées par l'État ou établies en application des dispositions de l'article L. 422-27 ;
... 3° de chasser en temps prohibé ou pendant la nuit ;
... 4° de chasser à l'aide d'engins ou instruments prohibés, ou par d'autres moyens que ceux autorisés par les articles L. 424-4 et L. 427-8, ou de chasser dans le cœur ou les réserves intégrales d'un parc national ou dans une réserve naturelle en infraction avec la réglementation qui y est applicable ;
... 5° d'employer des drogues ou appâts qui sont de nature à enivrer le gibier ou à le détruire ;
... 6° de détenir ou d'être trouvé muni ou porteur, hors de son domicile, des filets, engins ou instruments de chasse prohibés ;
... 7° de mettre en vente, de vendre, d'acheter, de transporter ou de colporter du gibier en dehors des périodes autorisées en application de l'article L. 424-8 ;
... 8° en toute saison, de mettre en vente, de vendre, de transporter, de colporter ou d'acheter sciemment du gibier tué à l'aide d'engins ou d'instruments prohibés. Pour que ces contraventions commises en récidive deviennent des délits, il n'est pas nécessaire qu'elles soient commises avec l'une des circonstances aggravantes énoncées à l'article L. 428-5, I : le seul fait de l'état de récidive légale suffit à l'application de l'article L. 428-5, III.

[145] Conséquences : transformation de la contravention en délit.

[146] Circonstances aggravantes réelles, articles R. 428-1 et suivants du code de l'environnement se trouvent transformées en délits passibles du tribunal correctionnel et punies **d'un an d'emprisonnement** et de 15 000 € d'amende par l'article L. 428-5, I du code de l'environnement. Il s'agit exclusivement des faits :
... 1° de chasser sur le terrain d'autrui sans son consentement, si ce terrain est attenant à une maison habitée ou servant d'habitation, et s'il est entouré d'une clôture continue faisant obstacle à toute communication avec les héritages voisins ;

demeurent propres au droit de la chasse limitées à 4[147] visées à l'article L. 428-5, I du code de l'environnement doivent être complétées par 5 (la chasse à l'espèce animale protégée).

... 2° de chasser dans les réserves de chasse approuvées par l'État ou établies en application des dispositions de l'article L. 422-27 du code de l'environnement ;
... 3° de chasser de nuit ou par temps prohibé ;
... 4° de chasser à l'aide d'engins ou d'instruments prohibés ou par d'autres moyens que ceux autorisés par les articles L. 424-4 et L. 427-8 du code de l'environnement, ou de chasser dans le cœur ou les réserves intégrales d'un parc national ou dans une réserve naturelle en infraction à la réglementation qui y est applicable ;
... 5° d'employer des drogues ou appâts qui sont de nature à enivrer le gibier ou à le détruire ;
... 6° de détenir ou d'être trouvé muni ou porteur, hors de son domicile, de filets, engins ou autres instruments de chasse prohibés.
Est puni des mêmes peines par l'article L. 428-5, II, du code de l'environnement, le fait de commettre, lorsque le gibier provient d'actes de chasse commis avec l'une des circonstances aggravantes, l'une des infractions suivantes :
... 1° mettre en vente, vendre, acheter, transporter ou colporter du gibier en dehors des périodes autorisées en application de l'article L. 424-8 ;
... 2° en toute saison, mettre en vente, vendre, transporter, colporter ou acheter sciemment du gibier tué à l'aide d'engins ou d'instruments prohibés.
Circonstances aggravantes spéciales :
En cas de cumul des quatre circonstances spéciales de chasse/ l'article L. 428-4, I du code de l'environnement prévoit que l'infraction de chasse constitue un délit, passible d'une peine de trois ans d'emprisonnement et de 30 000 € d'amende (antérieurement à la L. 24 juill. 2019 : deux ans d'emprisonnement et 30 000 € d'amende).
Deuxième cas de cumul de quatre circonstances/ l'article L. 428-5-1, I du code de l'environnement prévoit une peine de quatre ans d'emprisonnement et de 60 000 € d'amende. Selon l'article L. 428-5-1 II et III, est puni des mêmes peines le fait de mettre en vente, vendre, acheter, transporter ou colporter du gibier en dehors des périodes autorisées en application de l'article L. 424-8 de même que le fait, en toute saison, de mettre en vente, vendre, transporter, colporter ou acheter sciemment du gibier tué à l'aide d'engins ou d'instruments prohibés, lorsque dans ces deux hypothèses, le gibier provient du délit prévu ci-dessus (C. envir., art. L. 428-5-1, II et III).
Conformément au droit commun, la récidive légale simple a en principe pour conséquence de faire encourir à l'auteur le doublement de la peine encourue. Mais il existe en outre une conséquence spéciale réservée à certaines contraventions : elles deviennent des délits en vertu de l'article L. 428-5, III du code de l'environnement, punis d'un an d'emprisonnement et de 15 000 € d'amende.
[147] Il s'agit du fait :
...1° d'être déguisé ou masqué ;
...2° de prendre une fausse identité ;
...3° d'user envers des personnes de violence n'ayant entraîné aucune interruption totale de travail ou une interruption totale de travail inférieure à huit jours ;
...4° de faire usage d'un véhicule, quelle que soit sa nature, pour se rendre sur le lieu de l'infraction ou pour s'en éloigner.
Si les circonstances d'avoir pris une fausse identité ou d'avoir usé de violences se trouvent assez rarement en pratique et ne donnent pas lieu à de sérieuses difficultés d'interprétation (V. pour le fait de rébellion assimilé légalement à des violences, Cass. crim., 18 déc. 2001, n° 01-83.078, inédit), l'usage du véhicule est une des circonstances aggravantes, qui donne le plus souvent lieu à application.
Il est rare en effet que l'auteur n'ait pas à un moment utilisé un véhicule pour se rendre sur les lieux de l'infraction ou s'en éloigner, et le champ d'application de cette circonstance aggravante est d'autant plus large qu'il faut entendre par véhicule tout moyen de transport, par terre, par eau ou par air, ce qu'indiquait nettement l'ancienne rédaction antérieure à la loi du 31 décembre 2008 qui mentionnait l'usage d'un avion, d'une automobile ou de tout autre véhicule.
Il n'est pas nécessaire non plus que l'auteur ait chassé depuis le véhicule ; il suffit que soit constatée son utilisation pour se rendre sur le lieu de chasse ou s'en éloigner. L'usage d'un véhicule jusqu'au point extrême d'un chemin carrossable constitue la circonstance aggravante lorsque l'auteur a ensuite poursuivi à pied dans la zone de chasse (Crim. 4 juill. 1978, n° 77-92.437, Bull. crim. n° 219).

Même si l'interdiction et la dissolution ne sont pas prévues à l'encontre des personnes morales pour les infractions commises en matière environnementale, le Code de l'environnement renvoie au droit commun du Code pénal pour lesdites commissions d'infractions. Ainsi, l'article L. 173-8 du Code de l'environnement dispose que : « Les personnes morales reconnues pénalement responsables dans les conditions prévues à l'article 121-2 du Code pénal des infractions délictuelles prévues au présent code encourent, outre l'amende dans les conditions fixées à l'article 131-38 du Code pénal, les peines prévues aux 1°, 3°, 4°, 5°, 6°, 8°, 9° et 12° de l'article 131-39 du même Code ainsi que celle prévue au 2° de ce même article, qui, si elle est prononcée, s'applique à l'activité dans l'exercice ou à l'occasion de l'exercice de laquelle l'infraction a été commise. ».
Sous réserve de modifications éventuelles, voir la fiche de classification des infractions à la chasse, de la fédération de la chasse Haute-Marne[148].
Ces dispositions doivent tenir compte de la préservation de la biodiversité dont les atteintes peuvent engager la culpabilité de son auteur pour préjudice écologique.

2°. Responsabilité civile

De manière générale, le Code de l'environnement contient en son livre IV des règles protectrices de la faune et de la flore dont seulement l'article R. 411-2 ne concerne l'animal non domestique. Il convient de rappeler que l'objectif de ces règles est la préservation du patrimoine biologique[149].

Il en est de même du chasseur qui transporte dans son véhicule un sanglier abattu et non marqué (Crim.22 mars 2005, n° 04-85.887, inédit). Michel REDON, « Chasse – Régime des infractions de chasse », DALLOZ / Répertoire de droit pénal et de procédure pénale, Octobre 2019.
https ://www-dalloz-fr.scd-rproxy.u-strasbg.fr/documentation ; consulté le 09/03/2022.

[148] https ://www.chasserenbretagne.fr/IMG/doc/22/infractions_a_la_chasse.pdf ; consulté le 19/12/2021

[149] Y. STRICKLER, *L'animal. Propriété, Responsabilité, Protection*, *op. cit.*, p.92.

Désormais en FRANCE avec la Loi « biodiversité »[150], on adopte une troisième catégorie de l'espèce animale : « animaux nuisibles » et « des animaux d'espèces non domestiques »[151]. On exclut ces espèces de la protection. Et on maintient la protection contre la destruction de certains animaux d'espèces non domestiques et louveterie à l'article L 427-1 à 11. Du point de vue écologique, le statut de « nuisible[152] » ou d' « animaux susceptibles d'occasionner des

[150] Cette loi, qui avait été présentée en conseil des ministres le 26 mars 2014, a été adoptée définitivement par l'Assemblée nationale le 20 juillet 2016 au terme d'un parcours législatif chaotique [La loi n° 2016-1087 du 8 août 2016 relative à la biodiversités parue au *Journal officiel* le 9 août 2016. Le Conseil constitutionnel a validé ses principales dispositions (Cons. const., 4 août 2016, n° 2016-737 DC)]. Ce premier grand texte sur la protection de la nature depuis la loi fondatrice de 1976 [Cette loi du 10 juillet 1976, relative à la protection de la nature, qui est souvent présentée comme le texte fondateur du droit français de l'environnement, ne mentionnait pas la biodiversité (v. J. UNTERMAIER, « Que reste-t-il des principes de la loi du 10 juillet 1976 ? », *in* » 1976-2006, Trente ans de protection de la nature », 2007, MEDAD, SFDE, Ligue ROC).] rappelle dans son exposé des motifs que seulement 22 % des habitats et 28 % des espèces présentent un état de conservation dit « favorable » [Ces chiffres proviennent des études menées pour la Commission européenne dans le cadre de l'application de la directive n° 92/43/CEE du Conseil du 21 mai 1992.]. Il a été présenté comme répondant à une préoccupation nouvelle des Français qui placent aujourd'hui les questions de perte de biodiversité parmi les problèmes de dégradation de l'environnement les plus importants(V. l'enquête du CREDOC, « Les Français et la biodiversité », précitée dans l'exposé des motifs accompagnant le projet de loi.). Selon *Jean-Claude Zarka*, La loi « biodiversité » Petites affiches - n°173, 30 août 2016, n° 120b7, p. 7.

[151] Le Code de l'environnement est ainsi modifié :

1° A l'intitulé du chapitre VII et à l'intitulé de la sous-section 4 de la section 1 du chapitre VIII du titre II du livre IV, le mot : « nuisibles » est remplacé par les mots : « d'espèces non domestiques » ;
2° Au 4° de l'article L. 331-10, à la fin de la première phrase de l'article L. 423-16, à l'article L. 424-15, au premier alinéa de l'article L. 428-14 et à la fin du 1° de l'article L. 428-15, le mot : « nuisibles » est remplacé par les mots : « d'espèces non domestiques ».

Le 9° de l'article L. 2122-21 du Code général des collectivités territoriales est ainsi rédigé :
« 9° De prendre, à défaut des propriétaires ou des détenteurs du droit de chasse, à ce dûment invités, toutes les mesures nécessaires à la destruction des animaux d'espèces non domestiques pour l'un au moins des motifs mentionnés aux 1° à 5° de l'article L. 427-6 du Code de l'environnement et de requérir, dans les conditions fixées à l'article L. 427-5 du même code, les habitants avec armes et chiens propres à la chasse de ces animaux, à l'effet de détruire ces derniers, de surveiller et d'assurer l'exécution de ces mesures, qui peuvent inclure le piégeage de ces animaux, et d'en dresser procès-verbal ». Voir plus : Article 157 de la LOI n° 2016-1087 du 8 août 2016 pour la reconquête de la biodiversité, de la nature et des paysages.

[152] Le caractère « nuisible » d'une espèce dépend, sur le plan réglementaire (article R427-6 du code de l'environnement), de son classement nuisible au regard d'un au moins des 4 motifs suivants :

1. Dans l'intérêt de la santé et de la sécurité publiques ;
2. Pour assurer la protection de la flore et de la faune ;
3. Pour prévenir des dommages importants aux activités agricoles, forestières et aquacoles ;
4. Pour prévenir les dommages importants à d'autres formes de propriété.

Le 4° ne s'applique pas aux espèces d'oiseaux.

À noter : une espèce protégée (au sens de l'article L411-1 du code de l'environnement) ne peut être classée nuisible.

Les animaux classés nuisibles dépendent de 3 listes prises par arrêté ministériel ou arrêté préfectoral :

- la liste 1 : elle concerne les animaux classés nuisibles en raison de leur caractère exogène et porte sur le chien viverrin, le vison d'Amérique, le raton laveur, la bernache du Canada, le rat musqué, le ragondin - la liste 2 : elle concerne les animaux dont le classement dépend d'un arrêté ministériel triennal. L'arrêté actuellement en vigueur (du 01/07/2015 au 30/06/2018) concerne, pour le département de l'Aisne, les espèces : renard, martre, fouine, corbeau freux, corneille noire, pie bavarde, étourneau sansonnet. - la liste 3 : elle concerne les animaux classés nuisibles par arrêté préfectoral annuel : lapin de garenne, sanglier, pigeon ramier.

dégâts[153] » (nouvelle appellation depuis l'adoption de la loi précitée) ne se justifie pas au regard du rôle de chaque espèce pour l'équilibre des écosystèmes. Toutes les espèces possèdent une place et un rôle, aucune n'est nuisible, chacune participe à l'équilibre des écosystèmes[154]. La biodiversité est un tout indivisible de nos écosystèmes[155]. Tuer une espèce est un acte constitutif d'un dommage écologique dans le sens de l'article 1247 Code civil.

L'action de cette responsabilité civile se prescrit par 10 ans « à compter du jour où le titulaire d'un droit (les collectivités territoriales, les associations ou l'état ou les établissements publics protégeant l'environnement) a connu ou aurait dû connaître les faits lui permettant de l'exercer. Même, si l'effectivité de cette réparation en nature du préjudice écologique est discutée[156], la restauration de l'espèce animale dans le milieu où elle est en voie de disparition nous paraît envisageable en tant réparation en nature du préjudice écologique.

Arrêté préfectoral fixant la liste des animaux classés ESOD et les modalités de leur destruction à tir dans le département de l'Aisne pris en application de l'article R.427-6 du code de l'environnement pour la période allant du 1er juillet 2021 au 30 juin 2022 Les animaux classés nuisibles peuvent être détruits selon différentes modalités résumées.

Voir plus : www.aisne.gouv.fr/Politiques-publiques/Environnement/La-chasse, Mise à jour le 01/07/2021 ; consulté le 25/09/2021.

[153] Les article L. 424-10 et aux articles L. 427-8, L. 427-8-1 et L. 427-10 du Code l'environnement. A la fin du 1° de l'article 706-3 du code de procédure pénale et au premier alinéa, à la fin du 1° et à la fin du b de l'article L. 421-8 du code des assurances, le mot : « nuisibles » est remplacé par les mots : « susceptibles d'occasionner des dégâts ». Voir plus : Article 157 de la LOI n° 2016-1087 du 8 août 2016 pour la reconquête de la biodiversité, de la nature et des paysages.

[154] Le RAC (Rassemblement contre la chasse en FRANCE), « La suppression du statut « nuisible » », https ://www.france-sans-chasse.org/les-revendications-que-nous-soutenons/la-suppression-du-statut-nuisible, consulté le 24/09/2021.

[155] Types d'écosystème - Classification générale

- Les écosystèmes terrestres.
- Les écosystèmes aquatiques.
- Écosystèmes mixtes (eau-terre) et aéroterrestres (air-terre).
- Écosystèmes paysagers modifiés artificiels ou non naturels (créés par l'homme). 23 types d'écosystèmes, mise à jour 15 avr. 2021 ; consulté le 25/09/2021

Image n°7/ Voir Annexe N°3

[156] Comment rendre effective la réparation en nature du préjudice écologique et selon quelle nomenclature (réparation et affectation des indemnisations) ?

Cycle « Les grandes notions de la responsabilité civile à l'aune des mutations environnementales ».

Résumé : Au-delà de l'évolution législative majeure qu'a représenté la loi pour la reconquête de la biodiversité du 8 août 2016 et sa reconnaissance du préjudice écologique, les grandes notions du droit de la responsabilité civile se trouvent au Coeur de multiples interrogations quant à leur adaptation aux mutations environnementales majeures contemporaines, d'une envergure inédite, et aux nécessités d'affronter des dommages massifs et irréversibles pour certains, voire de les anticiper. Faut-il modifier les faits générateurs actuellement admis pour ce faire (conférence 1) ? Doit-on accepter d'assouplir, voire de faire évoluer plus radicalement, notre conception du lien de causalité afin de favoriser l'appréhension des pollutions diffuses ou des dommages très éloignés en temps ou en espace (conférence 2) ? Qui est véritablement la victime du préjudice écologique et quelle compréhension peut-on avoir de l'intérêt à agir (conférence 3) ? Quel seuil donner à la prévention et comment la mettre en œuvre (conférence 4) ? Comment rendre effectif le principe désormais posé d'une réparation en nature (conférence 5) ?

En somme, l'articulation de ces dispositions auxquelles s'ajoutent en particulier, les sources du droit relatives aux espèces protégées[157], rendent complexe le régime de protection des espèces non domestiques.

Depuis 1976 le braconnage, interdit par les Conventions internationales et lois nationales, continue pour le commerce des peaux[158] et la valeur médicinale. Cela est constitutif d'une menace pour la conservation de l'espèce, pour « la préservation de la biodiversité dont chaque élément se trouve relié aux autres et à son rôle à jouer dans l'écosystème. Un tiers de la planète est recouvert de forêts, dont près de la moitié (45 %) de forêts tropicales. Les forêts tropicales comptent parmi les plus anciennes et les plus riches de la planète. Réserves de biodiversité, elles constituent aussi un régulateur essentiel du climat, d'où la nécessité de la protéger... » [159]

Certains ont peur de la science, car les scientifiques se contredisent entre eux (nous l'observons avec la pandémie de la Covid) et à la fin les gens ne savaient plus qui croire. Si un fait est scientifiquement prouvé, point besoin de rassurer mais donner le fait. Par principe de précaution, nous ne devrons pas attendre la certitude scientifique pour agir. Il ne nous reste qu'à espérer en notre capacité de changement de paradigme afin d'assurer la sauvegarde de l'équilibre de la biodiversité.

Nous devrons sensibiliser à l'adoption d'un comportement éthique à l'égard de tous les animaux[160].

3. Nos demandes

Sont opportunes nos demandes préventives de sensibilisation en droit (1°), une approche cognitive et un comportement éthique (2°).

Autant de questions qui demeurent en suspens et donneront lieu, lors des conférences dédiées, à débats et prospectives entre scientifiques et juristes.

Colloque du Lundi 14 novembre 2022 à la Grand'chambre de la Cour de Cassation Française à Paris. https://www.courdecassation.fr/agenda-evenementiel/comment-rendre-effective-la-reparation-en-nature-du-prejudice-ecologique-et

Voir égal. Cour de cassation 29 June 2021. Pourvoi n° 20-82.245. Chambre criminelle - Formation de section Publié au bulletin.ECLI:FR:CCASS:2021:CR00830. Arrêt de cassation encourue pour constat de l'absence de préjudice des parties civiles et les ayant déboutées de l'ensemble de leurs demandes indemnitaires. https://www.courdecassation.fr/en/decision/60dab72dcbe76a70265f29ba

[157] Notamment entre la Convention de Berne (Convention relative à la conservation de la vie sauvage et du milieu naturel, Berne, 19 sept. 1979.)

[158] Image n°8/ Voir Annexe N°3 :
https ://my-leopard.com/blogs/leopard/imprime-leopard-guepard; peau de léopard comme habits et tapis ou ornement en Afrique en Europe ; Consulté le 14/11/2021

[159] Image n°9/ Voir Annexe N°3 :
PIERRE-MICHEL FORGET, « Les forêts tropicales : leur rôle pour le climat et la biodiversité », .

[160] Pour cela, la source des demandes formulées est de l'auteur du présent ouvrage (Dali Abdoul TRAORE).

1°. En droit

Selon Christophe Privat, si le décret nº 86-571du 14 mars 1986, J.O. du 18 mars 1986, p. 4521 à 4523, fixe les périodes d'ouverture et de fermeture générales de la chasse il ne prend que partiellement en compte les réalités biologiques des espèces et les modes de prélèvement les plus appropriés.

Alors les atteintes à ces réalités biologiques des espèces et modes de prélèvement sont constitutives d'un dommage écologique dans le sens du préjudice écologique défini à l'article 1247 du Code civil qui dispose que : « Le préjudice écologique consiste en une atteinte non négligeable aux éléments ou aux fonctions des écosystèmes ou aux bénéfices collectifs tirés par l'homme de l'environnement ». La Cour de cassation, dans l'affaire dite Erika du 25 septembre 2012, définit le préjudice écologique comme « l'atteinte directe ou indirecte portée à l'environnement découlant de l'infraction »[161]. Ce qui pourrait donc engager la responsabilité civile des auteurs d'un tel préjudice écologique, Sous réserve de la révision du décret précité pour que puissent s'appliquer les modalités légales de réparation du dommage écologique[162]. Il faut permettre que le dommage écologique soit qualifié de préjudice écologique afin que ce dommage soit judiciairement réparable[163] sur le fondement de l'article 1249 du Code civil. Cet article dispose que : « La réparation du préjudice écologique s'effectue par priorité en nature ». Cette réparation en nature est la réintroduction des espèces protégées dans l'environnement où elles ont disparu, l'exécution d'office de la remise en état. Il s'agit de sauvegarder l'environnement dans son intégrité. Ainsi, la protection de l'environnement naturel via la responsabilité civile se veut plus anthropocentrée. Selon M.-P. Camproux-Duffrène, celle-ci repose sur la nécessité de protéger le droit d'usage qu'à l'Homme sur les choses communes, un droit non exclusif et restrictif de façon à limiter les cas de raréfaction ou de pollution des éléments[164]. Selon Anne Sophie TASSART (cheffe de rubrique Sciences et Avenir), le nombre d'individus composant une espèce est une donnée certes importante, mais qui ne traduit pas le

---

[161] Cass.crim., 25 sept.2012, n°10-82.938, Erka, cité in Etude par Marthe LUCAS, « Préjudice écologique et responsabilité. -Pour l'introduction légale du préjudice écologique dans le droit de la responsabilité administrative », Environnement n°4, Avril 2014, étude 6.

[162] Qui relève de l'ordre des faits et préjudice de l'ordre du droit (la lésion d'un « intérêt juridiquement protégé »)

[163] M.-P. CAMPROUX-DUFFRENE, « L'évaluation par le juge judiciaire du préjudice écologique en cas d'atteintes factuelles à l'environnement » : Dr. Env. Oct 2010. P.334

[164] V.M.-P.CAMPROUX-DIUFFRENE, Prop.7 « Pour l'inscription dans le Code civil d'une responsabilité civile environnementale », in Dossier spéc. sur « Mieux réparer le dommage environnemental », Réflexions autour du rapport de la Commission Environnement du Club des juristes : Environnement et dév. Durable 2012, dossier 8 ; « Entre environnement per se et environnement pour soi : la responsabilité civile pour atteinte à l'environnement » : Environnement et dév. Durable 2012, étude 14.

rôle de l'espèce sur son milieu. A cette fin, il faut la connaître plus en détail (joue-t-elle un rôle unique dans son milieu ?) et ne pas se contenter de chiffres[165].

Ainsi, des chercheurs affirment que : « L'importance des espèces rares pour la bonne santé des milieux marins peut s'avérer inversement proportionnelle à leur rareté », selon leur partenaire The Conversation. Leurs résultats ont permis de classer les espèces de poissons selon leur niveau de « rareté fonctionnelle ». « Le critère de « rareté » n'est pas ici déterminé en fonction du nombre d'individus appartenant à une population donnée, mais d'une rareté dans les rôles écologiques exercés par ces poissons dans l'écosystème où ils vivent »[166].

Ces résultats sont transposables dans tous les écosystèmes, marins ou terrestres pour faire bénéficier du même régime juridique de protection, toutes les espèces qu'elles appartiennent à l'écosystème marin ou terrestre. Ainsi par « la technique de la puissance de l'exercice juridique de qualification, la protection des animaux marins peut être accordée aux animaux terrestres. Subséquemment, la loi attache un régime de protection pour des poissons menacés. Le juge de la cour d'appel de Californie, sur la côte ouest des États-Unis »[167], est saisi d'une situation concernant des abeilles qui sont également menacées. « Il n'existe pas de textes spécifiques prévoyant leur protection. Il faut - mais il suffit – que le juge les qualifie pour que les abeilles

---

[165] Anne-Sophie TASSART, « L'extinction de la mégafaune marine serait un drame pour les écosystèmes », le 22.04.2020 à 14h29.
https://www.sciencesetavenir.fr/animaux/animaux-marins/l-extinction-de-la-megafaune-marine-serait-un-drame-pour-les-ecosystemes_143655 ; consulté le 26/05/2022

[166] ARNAUD AUBER, 20 Minutes avec The Conversation, « Pourquoi la disparition des poissons « rares » menacerait l'ensemble de l'écosystème marin », En mer du Nord, les cinq espèces présentant les traits écologiques les plus rares sont le requin-hâ, l'aiguillat commun, les émissoles, le congre et la grande castagnole. L'analyse de ce phénomène a été menée par ARNAUD AUBER, chercheur en écologie des communautés à l'Institut Français de Recherche pour l'Exploitation de la Mer (Ifremer). Publié le 25/02/21 à 08h45 — Mis à jour le 17/11/21 à 12h21.
https://www.20minutes.fr/planete/2980067-20210225-pourquoi-disparition-poissons-rares-menacerait-ensemble-ecosysteme-marin ; consulté le 26/05/2022

[167] Voir, ROBIN TUTENGES, « En Californie, les abeilles sont désormais des poissons », Slate sciences 5 juin 2022 à 11h27.
Une cour d'appel de Californie, sur la côte ouest des États-Unis, a officialisé une bien étrange décision [...] elle a légalement classé différentes espèces d'abeilles et de bourdons comme étant des poissons. [...] Dans cet État américain, les lois de protection des espèces menacées d'extinction (California En dangered Species Act, CESA) n'incluent en fait pas les abeilles, qui sont pourtant bel et bien menacées, explique le média Futurism. Les insectes en général sont même complètement absents des textes, contrairement aux oiseaux, reptiles, plantes, mammifères et aux poissons.
https://www-slate-fr.cdn.ampproject.org/c/s/www.slate.fr/story/228841/en-californie-les-abeilles-sont-desormais-des-poissons?amp
CERTIFIED FOR PUBLICATION IN THE COURT OF APPEAL OF THE STATE OF CALIFORNIA THIRD APPELLATE DISTRICT (Sacramento) ---- ALMOND ALLIANCE OF CALIFORNIA et al., Plaintiffs and Respondents, v. FISH AND GAME COMMISSION et al., Defendants and Appellants; XERCES SOCIETY FOR INVERTEBRATE CONSERVATION et al., Interveners and Appellants. C093542 (Super. Ct. No. 34201980003216CUWMGDS) APPEAL from a judgment of the Superior Court of Sacramento County, James P. Arguelles, Judge. Reversed.
Read More : California Court Paves the Way for Protection of Imperiled Bumble Bees and Other Insects
For Immediate Release, May 31, 2022

appartiennent à la même catégorie juridique que les poissons, déclenchant alors par effet d'imputation le régime juridique de protection [...]
D'un point de vue technique, la difficulté se résume de la manière suivante : en tout état de cause, le juge réécrit toujours les faits, leur teneur, leur chronologie, leur interaction, etc. Plus encore, lorsqu'il passe à l'exercice de qualification, il se saisit des faits pour les faire entrer dans une catégorie juridique à laquelle le législateur a par avance attaché un régime juridique. Cet acte d'intelligence peut être direct mais aussi indirect : les textes ne s'appliquent pas qu'au cas qu'il vise, ils s'appliquent également aux cas analogues (excepté pour les textes exceptionnels, notamment les textes répressifs). En effet, un principe s'applique largement et vise donc le cas visé par le principe et tous les cas qui lui sont analogues. Or, une loi qui protège des espèces menacées est une loi de principe et non une loi d'exception. Il faut donc l'appliquer largement, s'il y a analogie avec le cas soumis au juge »[168].

Il faut limiter par tout moyen la raréfaction de l'espèce animale non domestique.

Le meilleur régulateur de la faune sauvage reste donc le prédateur naturel de l'espèce (le lynx prédateur du renard prédateur des poules, du hérisson, sanglier, etc...). C'est ce à quoi sert la biodiversité. L'équilibre gratuit de l'écosystème grâce à la grande biodiversité par l'effet de l'écosystème[169]. Dominique PY abonde : « La majorité des espèces n'a pas besoin de régulation. Il n'y aurait pas de conséquence dommageable aux activités humaines et ça serait même favorable pour les oiseaux classés sur la liste rouge des espèces menacées et toujours chassées : grand tétras, macreuse brune, bécasseau maubèche, alouette des champs... » Mais pour la

---

[168] Voir plus : Marie-Anne Frison-Roche (***mafr***), « J***usqu'***où ***va la puissance de l'exercice juridique de qualification***. ***Law&Litterature*** »,ComplianceTech®-Director du Journal of Regulation& Compliance (JoRC). Modifié le 06/06/2022.
https://www.linkedin.com/posts/mafr1_en-californie-les-abeilles-sont-d%C3%A9sormais-activity-6939474987565125634-Lt36?utm_source=linkedin_share&utm_medium=member_desktop_web ; consulté le 06/06/2022

[169] **Un écosystème** est un milieu de vie donné. Il est constitué de l'ensemble des organismes vivants (la biocénose) et de leur environnement non vivant (le biotope). Dans un lac, par exemple, les poissons, les algues et les plantes aquatiques sont les composants vivants ; l'eau, la vase et le climat sont les composants non vivants. Le biotope et la biocénose sont liés par de multiples interactions, souvent de nature alimentaire (l'un mange l'autre). On parle alors de relations trophiques. Des animaux liés par des relations trophiques constituent une chaîne alimentaire. Dans une chaîne alimentaire, chaque organisme est un maillon qui constitue une source de nourriture pour le maillon suivant. Une chaîne alimentaire débute toujours par des végétaux chlorophylliens qui sont des producteurs primaires. Cela signifie qu'ils sont capables d'utiliser les substances minérales (dioxyde de carbone, nitrates, etc.) qu'ils puisent dans le sol, dans l'eau ou dans l'air pour fabriquer par photosynthèse leur structure organique. Ces producteurs primaires servent de nourriture aux consommateurs herbivores. Ceux-ci alimentent une succession de consommateurs carnivores. Chaque maillon de la chaîne définit un niveau trophique : des producteurs primaires, des consommateurs de premier ordre (consommateurs herbivores), des consommateurs de deuxième ordre (premiers consommateurs carnivores, etc.). Les décomposeurs, dégradent les restes des plantes et d'animaux morts et fournissent ainsi les substances minérales aux producteurs primaires.
Voir plus : « Les écosystèmes de la planète », Les écosystèmes, consulté le 25/09/2021.

représentante de France Nature Environnement (FNE), l'arrêt seul de la chasse n'est pas une solution pérenne : « Il ne faut pas juste supprimer la chasse, mais faire revenir les prédateurs, stopper l'agrainage, protéger le maïs par des barrières électrifiées... Alors la nécessité de régulation va devenir beaucoup moins importante. »[170]

À cet égard, doit être supprimé en France le statut de « susceptible d'occasionner des dégâts » et qui permet d'établir tous les 3 ans, par arrêté ministériel et préfectoral, une liste d'animaux classés « nuisibles » à chasser dans chaque département. Pour rappel, ce statut a remplacé le statut de « nuisible » de la loi Biodiversité.

Le placement de l'espèce animale conformément aux impératifs biologiques de son espèce et au respect de son bien-être, prévu dans la proposition de loi du 13 novembre 2012 précitée, doit être adopté dans les prochaines législations.

Concernant les accidents de la chasse, ils témoignent du double préjudice pour l'homme, d'une part l'atteinte à la biodiversité, d'autre part l'atteinte à l'intégrité physique. Aucune peine de condamnation pour blessure involontaire, encore moins la délivrance d'un réquisitoire supplétif d'homicide involontaire[171] au juge d'instruction par le parquet, ne saurait apaiser la souffrance comme la souffrance de l'homme autant que celle de l'animale de ces conséquences surabondantes de la chasse. Bien qu'il y ait des sanctions contre les excès de la chasse, « le risque zéro n'existant pas »[172], selon les dires du Président des chasseurs. Des personnes, hors des zones de chasse, continuent à être tuées par le fait de la chasse.

---

[170] Yves Vérilhac, « Les chasseurs qui seraient les garants pour nous protéger de la nature, c'est un vieux fantasme. » cité par Moran Kerinec, dans : « Que se passerait-il si on arrêtait de chasser en FRANCE? », (Les sangliers, bêtes noires des agriculteurs) 12 novembre 2021 à 9h44, SLATE.FR Société, http ://www.slate.fr/story/218772/que-se-passerait-il-si-arreter-chasser-france-interdire-chasseurs-sangliers; consulté le 30/03/2022

[171] Article 223-1 du Code pénal : Le fait d'exposer directement autrui à un risque immédiat de mort ou de blessures de nature à entraîner une mutilation ou une infirmité permanente par la violation manifestement délibérée d'une obligation particulière de prudence ou de sécurité imposée par la loi ou le règlement est puni d'un an d'emprisonnement et de 15 000 euros d'amende. Peines complémentaires : article L. 428-15 du Code de l'environnement, modifié par LOI n°2019-773 du 24 juillet 2019 - art. 12,

Le permis de chasser ou l'autorisation de chasser mentionnée à l'article L. 423-2 peut être suspendu par l'autorité judiciaire : 1° bis En cas de violation manifestement délibérée, à l'occasion d'une action de chasse, d'une obligation particulière de sécurité ou de prudence imposée par la loi ou le règlement, exposant directement autrui à un risque immédiat de mort ou de blessures de nature à entraîner une mutilation ou une infirmité permanente.

[172] Willy Schraen, patron des chasseurs : «le risque zéro n'existe pas» : Le Figaro avec AFP. Publié le 01/11/2021 à 10:30, mis à jour le 01/11/2021 à 11:31, https://www.lefigaro.fr/actualite-france/willy-schraen-patron-des-chasseurs-le-risque-zero-n-existe-pas-20211101

La mort d'un seul homme du fait de la chasse, est une mort de trop : disons simplement *Halte à la chasse*. Il faut donc aller au-delà des interdictions spécifiques[173] et générales[174] de la chasse pour des raisons de sécurité publique[175] pour aller vers une prohibition complète.

Nous avons fait la remarque de l'échec de la première conception de la sanction notamment un système qui met en premier la liberté (comme le fait le Droit pénal classique occidental, tel qu'en FRANCE le Droit issu de la Philosophie des Lumières et de la Révolution française) : il s'agit d'une exception au principe constitutionnel de la liberté de chaque être humain de faire ce qu'il veut, l'interdiction (le délit) et la sanction (la peine) devant toujours être maniées et interprétées restrictivement pour la régularisation. Il convient d'essayer la deuxième conception de la sanction, un système qui met en premier l'efficacité (comme le fait un système de Régulation, tel qu'il se déploie dans le Droit chinois) : il s'agit d'un moyen d'obtenir des êtres humains l'obéissance à une règle, une incitation plus forte que celles produites par l'éthique, l'amour de la loi ou les dommages et intérêts, car la perspective de la prison conduit chacun à faire ce que la loi prescrit. Il s'agit alors non plus tant d'interdire un comportement (en l'espèce "ne pas tuer, ne pas chasser, etc.), mais de prescrire des comportements ("informer, collaborer"), afin que le groupe soit bénéficiaire du comportement individuel ainsi obtenu. L'interprétation doit alors être large pour l'efficacité du système[176] de régularisation de l'effectif de l'espèce animale protégée.

---

[173] Dans le cadre de leurs pouvoirs de police, le maire ou le préfet peuvent, par arrêté, interdire la chasse dans certains lieux, pour des raisons tenant à la sécurité publique. Les infractions aux arrêtés pris pour la tranquillité et la sécurité publiques, sont des contraventions de la 1re classe (C. pén., art. R. 610-5), mais peuvent dans certaines circonstances être qualifiées de chasse sur autrui (Crim. 15 mars 1966, D. 1967. 591, note Bouché).

[174] Ces interdictions qui procèdent d'arrêtés pris en vue d'assurer la tranquillité et la sécurité publiques doivent être distinguées de l'interdiction générale de la chasse dans certains lieux prévue par l'article L. 422-10 du code de l'environnement qui n'entrent pas dans le périmètre des associations communales de chasse agréées, soit sur les terrains situés dans un rayon de cent cinquante mètres autour de toute habitation, sur les terrains enclos conformément à l'article L.424-3, sur ceux ayant fait l'objet d'une opposition à la chasse par les propriétaires détenteurs du droit de chasse sur des superficies d'un seul tenant supérieures à certaines superficies (V. C. envir., art. L. 422-13 à L. 422-15 et R. 422-42 à R. 422-44), sur ceux faisant partie du domaine public de l'État, des départements et des communes, des forêts domaniales ou des emprises de la SNCF, de SNCF Réseau et de SNCF Mobilités, sur les terrains ayant fait l'objet de la part de leur propriétaire ou de l'unanimité des copropriétaires indivis, d'une opposition à la chasse pour des convictions personnelles, y compris pour eux-mêmes (V. sur ces dispositions, l'ensemble des règles relatives à la constitution, au territoire et au fonctionnement des associations agréées, C. envir., art. L. 422-2 à L. 422-26 et R. 422-1 à R. 422-80.

[175] Voir : Michel REDON, « Art. 2 - Chasse interdite pour des raisons de sécurité publique ». Dans Dalloz/ Répertoire de droit pénal et de procédure pénale « Chasse – Régime des infractions de chasse », – Octobre 2019, https ://www-dalloz-fr.scd-rproxy.u-strasbg.fr ; consulté le 03/03/2022.

[176] V. égal., Marie-Anne Frison-Roche : « La conception de la Sanction dans la Régulation. Conséquence sur la naissance d'une obligation de "collaboration" dans les enquêtes du Régulateur », Publié le 20 février 2022, https ://www.linkedin.com/pulse/la-conception-de-sanction-dans-régulation-conséquence-frison-roche/?originalSubdomain=fr ; consulté le 30/03/2022.

Ainsi, face à l'impuissance du droit à défendre l'espèce animale protégée, espèce essentielle de notre biodiversité, il convient d'adopter une approche cognitive et éthique pour changer notre regard sur les animaux.

2°. Approche cognitive et comportement éthique

Une approche cognitive dans le sens de la connaissance des espèces animales et un comportement éthique à adopter à l'égard des animaux. Il s'agit d'un élargissement de notre considération au-delà du droit.

L'éthique est « une réflexion sur les valeurs qui orientent et motivent nos actions. À l'échelle individuelle, nos actions sont des moyens d'actualiser nos valeurs.

À l'échelle collective, l'imposition de règles (et de devoirs et obligations) est un moyen de réaliser l'idéal partagé. On ne parle pas de bon ou mauvais, mais d'une conception du bien, du juste et de l'accomplissement humain » selon Anne Schroeder (libre opinion). Les philosophes spéculatifs allemands qui suivent KANT ont tendance à séparer Éthique et Morale[177], et à mettre la première en avant. C'est ce raisonnement que nous adoptons ici. Même s'il arrive qu'en fait, les questions de morale et d'éthique se trouvent souvent imbriquées, ce qui n'exclut pas une distinction très nette entre leurs définitions[178]. Ainsi, c'est parce que : « la conduite des hommes n'est pas toujours conforme à leurs propres jugements sur la valeur des actes »[179], que cette conduite soit bonne ou mauvaise.

L'éthique prend pour objet immédiat les jugements d'appréciation sur les actes qualifiés bons ou mauvais.

Il convient d'avoir notre propre jugement quant à la bonne valeur des actes en se mettant dans la peau de l'autre ou de l'objet ici l'animal et la faire dominer quand il s'agit de protéger l'autre ou l'animal dans la peau qu'on s'est projeté par métaphore indépendamment de toute prescription légale, réglementaire ou coutumière.

Un comportement éthique, qui est pour nous un comportement civique (l'application volontaire des valeurs sans la peur de la sanction), ou une morale appliquée à nous-mêmes (regarder l'animal comme nous-mêmes par métaphore). Bien plus « un zoo centrisme, non plus une vision instrumentale sur les animaux, mais comme des sujets moraux un zoo centrisme de surface : un bon sentiment ». Il s'agit là d'une question d'empathie à l'égard de cette humanité inachevée.

---

[177] La morale, c'est-à-dire l'ensemble des prescriptions admises à une époque et dans une société déterminée, l'effort pour se conformer à ces prescriptions, l'exhortation à les suivre. André Lalande : Vocabulaire de technique et critique de la philosophie, PUF, 18e édition 1996, 3e édition « Quadrige » : 2010, novembre, pp. 305 et 306.

[178] *Ibid.*

[179] V. André Lalande, précité, p. 306.

Cette dernière proposition nous amène à réfléchir sur le lien culturel entre l'homme et l'animal. Le fait que l'animal soit une humanité inachevée se témoigne en partie par sa capacité cognitive. Exemples : l'animal peut se projeter dans le futur ou se repérer dans l'espace, tel le symbole du Corbeau dans l'Ancien Testament, Genèse 8.6[180] et le Coran, sourate 5.31[181] « La table servie »

L'écureuil prévoit un certain futur puisqu'il engrange des noisettes ou autres glands pour les temps plus durs ; les cigognes font des milliers de kilomètres pour passer des hivers au chaud, etc., nous dit Anne Schroeder (libre opinion).

Le Paradoxe est que la présence visuelle de l'animal est un mythe sacré dans certaines communautés (exemple : le mythe de l'hirondelle dans la Grèce ancienne[182], on faisait même correspondre à l'arrivée et au départ des hirondelles, la date exacte des équinoxes). Pour le chasseur, la mort de l'animal est socialisée, ritualisée dans les communautés traditionnelles. En conséquence, la disparition de ces espèces entraînera celles de ces mythes, ces sacrés, rituelles de nos sociétés. La chasse est donc une autodestruction culturelle humaine.

« Nous sommes des Êtres-vivants parmi des vivants-vivants de la faune et de la flore. L'humanité est une forme animale ». Nous devrons accepter notre identité écologique et la respecter en tant que telle.

Halte à la reconnaissance sectorielle de la sensibilité animale et de ne l'attribuer qu'aux animaux domestiques, « tous les animaux sont doués de sensibilité ». « Tous les animaux sont égaux sur terre, sans eux nous ne pouvons pas survivre. Les animaux ne peuvent pas non plus vivre sans les êtres humains. Tout comme les enfants ont besoin de l'amour et du soutien de leurs parents, les animaux ont besoin de la protection et de l'amour de l'homme[183] ».

Mais la difficulté de cette acceptation survient quand nous pensons que l' « Homme est conscient et se civilise, alors que l'animal sauvage ne pense pas, n'est pas doué de réflexion donc doit être considéré comme un objet ». Un objet ou une chose sur laquelle l'Homme par conséquent peut exercer un droit absolu. On adopte une catégorie dite « d'animaux nuisibles ». Celle contre laquelle une dérogation est accordée pour les chasser, les tuer. De l'homme à

---

[180] Ge 8 :6 Au bout de quarante jours, Noé ouvrit la fenêtre qu'il avait faite à l'arche.
7 Il lâcha le corbeau, qui sortit, partant et revenant, jusqu'à ce que les eaux eussent séché sur la terre.

[181] [Coran 5 :31] *Puis Allah a envoyé un corbeau creuser le sol, pour lui montrer comment couvrir le cadavre de son frère. Il a dit : "Malheur à moi ! Je n'ai pas pu être comme ce corbeau et enterrer le cadavre de mon frère." Alors il est devenu plein de regrets.*

[182] Pour en savoir plus : Laurent Gourmelen, « Bestiaires et mythologie en Grèce ancienne : l'hirondelle, images, métaphores et métamorphoses », Université d'Angers, L'UNAM, CERIEC EA 922, pp. 83-95.

[183] PHILIPPA SUMNER, *op. cit.*

l'animal, le pas a été vite franchi. Il fallait mettre hors d'état de nuire, les personnes nuisibles à la société. Une peine de mort était infligée à ces personnes comme on tue les espèces protégées et nuisibles.

Dès lors, les animaux sauvages font l'objet d'une « zoologie négative » (animal qui n'a pas de moral, etc.). Nous devrons regarder l'animal à travers l'esprit de la dignité humaine abordée par Robert BADINTER, pour plaider contre la peine de mort.

Il faut s'accorder à reconnaître que l'animal a une intentionnalité avec laquelle on pourra le socialiser au moyen d'une injonction douce, d'une imitation et d'une interaction.

Pour y remédier, l'on pense d'abord à la domestication qui suppose trois critères : - L'alimentation (contrôle) – La reproduction – La Sécurité ensuite une injonction douce suivie d'une imitation et d'une interaction. Enfin, cela repose sur un contrat : le contrat social, selon le sociologue Raphaël LARRERE[184].

Il paraît regrettable que l'on ne se focalise que sur les animaux de compagnie ceux qui ont eu la malchance d'être prisonniers de notre affection. Et qui souffrent souvent de notre négligence à prendre en compte les conditions compatibles avec leurs impératifs biologiques. Les animaux sauvages ne bénéficient pas de cet intérêt. Leur sensibilité est niée et des pratiques telles que l'étourdissement et la chasse à courre ou vénerie continuent à persister en FRANCE. Si la pratique a disparu sous sa forme d'origine au Royaume-Uni et en Allemagne, elle existe encore dans les anciennes colonies britanniques sous une forme légale. Elle est encore pratiquée en Irlande du Nord[185].

La capacité de ressentir du plaisir, de la douleur et de la peur n'est pas exclusive des êtres humains. « Les animaux pourvus d'un système nerveux sont des êtres sensibles ; ils éprouvent des sensations, des émotions, des sentiments (plaisir, peur, souffrance…) »[186].
Ce qui est vital pour la survie des individus de nombreuses espèces.
La biologie évolutive et les sciences du comportement et du cerveau ont découvert que notre système nerveux présente des similitudes frappantes avec celui de certains animaux..

---

[184] V. Raphaël LARRERE, « L'éthique et le Contrat Social environnemental » dans ETHIQUE ET ENVIRONNEMENT, ouvrage des réflexions menées lors de l'Université du Réseau Régional des Gestionnaires d'Espaces Naturels Protégés de Provence Alpes-Côte d'Azur au mois d'Avril 2002 en Corse et de celles formulées, dans un deuxième temps, lors des 14e Rencontres Régionales de l'Environnement à Antibes - Juan-les-Pins en Octobre 2002.
[185] Quentin Vasseur, « Comment les pays étrangers pratiquent (ou non) la chasse à courre ? ». Interdite chez deux de nos pays voisins, la chasse à courre y subsiste sous une forme légale et inoffensive. Publié le 13/01/2018 à 17h42 • Mis à jour le 12/06/2020 à 17h40. francetvinfo.fr ; consulté le 03/05/20121
[186] RAC, « Une activité contraire à l'éthique », https ://www.france-sans-chasse, consulté le 24/09/2021.

Ainsi, certaines émotions que nous considérons souvent comme intrinsèquement humaines ne sont pas exclusivement les nôtres.
Voici cinq exemples tirés du livre « The Emotional Intelligence of Animals », du primatologue et anthropologue espagnol Pablo Herreros[187] : le sens de l'équité chez le singe capucin, le désir de vengeance chez les éléphants, l'amour maternel chez une mère chimpanzé pour son bébé, le chagrin d'amour chez les aras et l'empathie et consolation chez les campagnols.
Nous devrons aller plus loin, intégrer dans notre empathie, la notion d'altérité, le marquage olfactif et la diplomatie lapine pour réconcilier l'Homme avec la faune.

Dans la notion d'altérité[188], il est recommandé d'avoir un rapport de diplomatie avec l'animal pour envisager une cohabitation. Admettre qu'il possède une sorte de rationalité. Notre rationalité doit nous permettre d'admettre qu'il a un exo rationalité (il a des réactions). L'exemple du marquage olfactif donne un sens, un signifiant aux autres animaux dans une sorte d'interaction. C'est une forme de rationalité.

Comparer nos valeurs à leur rationalité est un extro centrisme ou égocentrisme. Doit être à retenir, l'hypothèse envisagée, dans *Les Origines animales de la culture* (Ed. Flammarion, 2001) c'est celle d'une « *pluralité des cultures* » (p. 8) chez des créatures d'espèces très différentes. Cette hypothèse est plus conforme à notre biodiversité. Ainsi, une certaine éthologie minoritaire, mais qui gagne en influence, va insister particulièrement sur *l'émergence de nouveaux comportements* et *la transmission* de ces nouveaux comportements à d'autres

---

187 Cinq émotions "humaines" que certains animaux peuvent aussi ressentir - BBC News Afrique, 26 novembre 2019, Mise à jour 23 février 2021, consulté le 19/09/2021.
188 Caractère de ce qui est autre.

animaux de façon sociale[189,190,191&192], ouvrant par-là, la voie à une compréhension des cultures animales[193]. Le même auteur souligne : « la conviction que l'animal est une espèce de robot perfectionné reste la conception dominante chez les scientifiques qui s'intéressent à lui »[194]. « Le contre-exemple : le développement de comités d'éthique ou de cellules "bien-être animal" dans les unités de recherche » comme le souhaiterait le Professeur Yves STRICKLER. Cela prouve la résistance à notre acceptation de la pensée animale. Cependant, l'existence de cultures animales n'est qu'un des témoignages de la pensée animale capable de transmettre des gestes et des traditions en interagissant ensemble". "Comme les êtres humains, les animaux se transmettent traditions et culture". Dès le plus jeune âge, les scientifiques ont notamment établi que les animaux étaient capables de reproduire et transmettre des gestes : « La culture imprègne la vie des animaux, du stade juvénile à l'âge adulte, explique le zoologiste britannique Andrew Whiten, professeur de psychologie évolutive et développementale qui a dirigé l'étude. Les

---

[189] Image n°10/ Voir Annexe N°3
Les animaux ressentent l'amour comme les humains. Là, un couple de loups et ses petits... Dans un couple de loups, la fidélité est exceptionnelle. La tendresse et les contacts sont constants. Il suffit de bien les observer et on peut voir leur tendresse, leur affection... leur attachement à sa famille est exemplaire et la vie en clan révèle un lien social fort entre les individus. Dans la société des loups, c'est la convivialité qui domine. Le loup est un animal social ! Exception le Loup oméga.

[190] Image n°11/ Voir Annexe N°3
Bel Amour maternel d'une lionne

[191] Image n°12/ Voir Annexe N°3
Gorilles et ses bébés
Image n°13/ Voir Annexe N°3
Un papa crocodile offre une balade sur son dos à plus de 100 de ses petits
Dhritiman Mukherjee sur Instagram : Posted @withregram • @bbcnews Take a close look at this picture. No, that's not seaweed covering the crocodile, it's actually lots of young...
V.égal., Le photographe indien de faune Dhritiman Mukherjee a passé ces deux dernières décennies à consacrer sa vie à documenter et à protéger les animaux.
Un papa crocodile offre une balade sur son dos à plus de 100 de ses petits
Par Cyril Renault , le mercredi, 7 octobre 2020, 2h20 , mis à jour le mercredi, 7 octobre 2020, 8h42 - 4 minutes de lecture
https://sain-et-naturel.ouest-france.fr/un-papa-crocodile-offre-une-balade-sur-son-dos-a-plus-de-100-de-ses-petits.html?fbclid=IwAR3Pid7ftLtNYC_Ukn0ixK2iWMft4V2bKl

[192] Image n°14/ Voir Annexe N°3
https ://www.facebook.com/defendrelesanimaux/posts/10158353652020120
Toutes les mères aiment leurs bébés (hélas, ce n'est pas toujours vrai, même dans le monde animal où certaines mères mangent leurs petits), ne les tuons pas. Par : Défendre les animaux et protéger la nature
10 mai 2020 : « Toutes les mères aiment leurs bébés. Ne les séparez pas en les mangeant » 🙏♡
Consulté le 05/10/2021

[193] Dominique Lestel, « Les résistances de l'éthologie cartésienne face à une compréhension des cultures animales », Mis en ligne sur Cairn.info le 01/01/2012 https ://doi.org/10.3917/phoir.027.0029
https ://www.cairn.info/revue-le-philosophoire-2006-2-page-29.htm ; consulté le 03/05/2021

[194] LESTEL Dominique, Les origines animales de la culture, Paris, Flammarion, 2001, p 329.

jeunes de nombreuses espèces apprennent de leurs parents puis d'autres adultes. Ils commencent même par s'intéresser aux individus de leur groupe qui montrent la meilleure expertise, par exemple dans l'utilisation d'outils. ».

Différentes espèces animales ont été étudiées par les chercheurs. Ils déduisent de leur étude que : « comme les êtres humains, les animaux se transmettent traditions et culture ». [195]

Nous devons faire usage de la Diplomatie Lapine : « Il faut réformer l'Organisation pour rendre son action réellement efficace ». Changer notre rapport de force avec l'animal pour aller vers un rapport au monde respectueux des autres espèces. Si on s'efforce on pourrait jouer avec lui par son ethnographie[196]. Il est donc possible de négocier avec cette forme de rationalité[197&198]. En somme un savoir-faire et savoir-être à développer dans ce sens avec des spécialistes (les scientifiques qui travaillent pour l'intérêt général et les associations de défense des animaux).

---

[195] Image n°15/Voir Annexe N°3
Par Olivier DUPLESSIX, « Comme les êtres humains, les animaux se transmettent traditions et culture » - Edition du soir Ouest-France - 09/04/2021, consulté le 03/05/2021

[196]« Le mot ethnographie est composé du préfixe « ethno » (du grec ἔθνος, peuple, nation, ethnie) et du suffixe « graphie » (au grec γράφειν, écrire), pour signifier description des peuples. L'ethnographie est le domaine des sciences sociales qui étudie sur le terrain la culture et le mode de vie de peuples ou milieux sociaux donnés. Cette étude était autrefois cantonnée aux populations dites alors « primitives ». Par la suite son champ s'est étendu à tout peuple ou milieu : l'ethnographie peut par exemple étudier le milieu geek »
Ethnographie : Description des divers peuples, leur genre de vie et de leurs institutions. Ethnologie : Étude explicative des phénomènes décrits par l'ethnographie. André Lalande : Vocabulaire de technique et critique de la philosophie, chez Puf, 18e édition 1996, 3e édition « Quadrige » : 2010, novembre, p. 306.

[197] Image n°16 /Voir Annexe N°3
(483) [ANIMAUX] Le lynx, ce félin méconnu #CCVB – YouTube
24 mars 2016. Contrairement à ce que l'on pense, « avoir des yeux de lynx » n'est pas une référence à l'animal, mais plutôt à un personnage de l'Antiquité grecque « Lyncée ».
Le lynx est un félin de la sous-famille des félinés. Parmi les félins, les lynx sont aisément reconnaissables à leur face ornée de favoris, à leurs oreilles triangulaires surmontée d'une touffe de poils noirs, à leur corps doté d'une courte queue et de longues pattes.

[198] Image n°17 /Voir Annexe N°3
THOSE LAZY DAYS DEAN SCHNEIDER

CONCLUSION

« Être sensible, c'est aussi accorder son attention, à d'autres êtres de vie de notre environnement. On doit déconstruire notre cécité ».

Inviter l'Homme à une identité Bioécologique : le respect de cette communauté écologique.

Explorons un changement radical de paradigme, qui implique la notion de respect dont le corollaire est celle de notre responsabilité. Avoir conscience d'être en face du mal, du danger pour nous et la biodiversité. Avoir conscience de nous-mêmes en tant qu'auteurs de cette maltraitance que l'on fait subir à une autre espèce de notre identité biologique. Ainsi que l'écrivait Kant, il faut « Posséder le Je dans sa représentation ce pouvoir élève l'homme infiniment au-dessus de tous les autres êtres vivants sur la terre. Par-là, il est une personne »[199]. Une personne capable de répondre à ses devoirs.

Imaginons que nous considérions les autres êtres vivants y compris les plantes (Clitoria, Tamarin, etc…) comme des parents[200], nous changerions d'approche.

« L'Amour pour tous les êtres vivants est l'attribut le plus noble de l'Homme ». Charles DARWIN cité par mon amie Béatrice Krieger-Martin.

En général, nous avons un devoir d'humanité envers non seulement toute espèce animale vivante qui possède elle aussi sa propre sensibilité, mais également à l'égard des arbres et des plantes. Nous devons la justice aux hommes, et la grâce et la bénignité[201] aux autres créatures[202]. Si nous les humains, intelligents et forts, ne respectons pas les autres éléments de la nature ou de la biodiversité, nous créons un déséquilibre dans nos écosystèmes. Et le déséquilibre de nos écosystèmes met en péril le monde et nous avec. Situation illustrée par l'écroulement d'un mur du fait de la disparition d'un morceau de brique permettant l'équilibre dudit mur. Il s'agit de nous protéger contre nous-mêmes. Comprendre et agir contre les causes. La chasse fait partie des causes de l'extinction de masse. Depuis deux cents ans, les extinctions d'espèces sont 10 à 1000 fois plus rapides que le rythme naturel. Un constat que 1400 scientifiques ont établi dans le monde entier. À ce rythme-là, la planète va perdre 75 % de ses espèces en 500 ans. Cette 6e extinction est cette fois causée par une seule espèce, l'espèce humaine (Source IPBES)[203].

---

[199] E. Kant, *Anthropologie du point de vue pragmatique*, 1798, I,1.

[200] Voir : Françoise Perriot, *Les Indiens & la nature*, Rocher Editions, 2017 ; voir égal., Baptiste Morizot, *Raviver les braises du vivant*, édition ACTES SUD -WILDPROJECT, paru le 16 septembre 2020 par Association pour la protection des animaux sauvages. Baptiste Morizot, *Manières d'être vivant*, Actes Sud, 2020 Baptiste Morizot, *Sur la piste animale*, Actes Sud, 2018.

[201] Qualité d'une personne bienveillante et douce.

[202] Selon Rémy Libchaber, « La souffrance et les droits. A propos d'un statut de l'animal », Chroniques Animal, Recueil Dalloz-13 février 2014-n°6 p.387.

[203] Voir plus : « La biodiversité en danger », Alerte rouge

« Les droits de l'humanité cessent donc au moment précis où leur exercice met en péril l'existence d'une autre espèce »[204].

Halte à la chasse, elle est une controverse environnementale, un danger pour l'homme. « L'humanité est une forme animale, l'animal est une humanité inachevée ».

Au-delà, selon Gérard Charollois :

D'abord cette abolition de la chasse représenterait encore et surtout un progrès moral dans la mesure où elle proscrirait les pratiques violentes et le goût de tuer. Ensuite, elle implique aussi que les équilibres faunistiques soient favorisés (rapport entre les herbivores et les plantes, entre les prédateurs et leurs proies[205]).

Enfin, elle n'aurait que des conséquences bénéfiques sur la nature comme sur la société, si elle s'accompagne de la résilience par la restauration des équilibres naturels, avec une multiplication des espaces sauvages. C'est un appel à l'application du principe de précaution garanti par l'article 5 de la charte de l'environnement[206] précitée.

Changeons de méthode de production, de consommation, de loisirs en prenant en compte les enjeux de la biodiversité.

La biodiversité est un tout interconnecté à l'image des organes du corps humain.

Les animaux prédateurs, non autorisés à être tués, se nourrissent, des animaux autorisés à être tués. Par cette autorisation, ne prive-t-on pas ces prédateurs de leur nourriture ?

Alors à quoi sert la non-autorisation de tuer ces prédateurs ?

Notre développement industriel et urbain a ruiné les habitats des animaux sauvages.

---

68 % des populations de vertébrés (mammifères, poissons, oiseaux, reptiles et amphibiens) ont disparu entre 1970 et 2016, soit en moins de 50 ans.
40 % des insectes sont en déclin au niveau mondial. Depuis 30 ans, la masse des insectes diminue sur Terre de 2,5 % chaque année, alors qu'au moins 75 % des cultures alimentaires en Europe dépendent des insectes pollinisateurs.
41 % des amphibiens et 27 % des crustacés risquent de disparaître à brève échéance de la surface de la Terre ou du fond des océans.
75 % des milieux terrestres sont altérés de façon significative et plus de 85 % des zones humides ont été détruites.
66 % des milieux marins sont détériorés.
30 % de la superficie des herbiers marins qui offrent nourriture et nurserie à la faune marine ont été détruits au cours du 20e siècle.
33 % des récifs coralliens et plus d'1/3 des mammifères marins sont menacés.
15 milliards d'arbres sont abattus chaque année dans le monde.
46 % de la couverture forestière a disparu depuis la préhistoire.
Sources : Rapport Planète vivante du WWF, Biological Conservation, IPBES) ;
https ://ofb.gouv.fr/pourquoi-parler-de-biodiversite/la-biodiversite-en-danger; consulté le 06/12/2021

[204] C. Lévi-Strauss, Réflexions sur la liberté, *in*Le regard éloigné, Plon, 1983, p. 371, citation p. 374.

[205] Voir aussi, https ://www.fr24news.com/fr/a/2020/12/lincroyable-art-corporel-humain-sur-la-france-a-du-talent-vous-transportera-dans-la-jungle.html, précité, consulté l e 18/09/2021.
Voir égal., https ://m.facebook.com/story.php?story_fbid=10226168237377125&id=1374588354

[206] Voir : Loi constitutionnelle n° 2005-205 du 1er mars 2005.

Nous aggravons notre cohabitation avec ces animaux, en entrant en concurrence avec leur alimentation par la saignée de ceux autorisés.

Cette aggravation de notre relation de cohabitation réside aussi dans le fait de tuer les prédateurs sous quelques prétextes que ce soit. Ainsi, leur fonction dans la biodiversité n'est plus assurée, autant qu'il y aura prolifération des espèces dont ils se nourrissent. Ce qui induit une pathologie de la biodiversité par son déséquilibre. Cette problématique de la pathologie de la biodiversité est au cœur du conflit social, entre chasseurs et gestionnaires de la forêt, concernant le retour des prédateurs pour leur rôle dans la régénérescence de la forêt.

Si la biodiversité devient malade du fait de la raréfaction des animaux, la planète ne se portera pas bien et l'humain en subira inévitablement les conséquences.

L'effet, de ce déséquilibre dont nous primo auteurs, n'est-il pas une autodestruction de l'humanité ?

Nous avons la capacité cognitive pour la transition écologique ou plus globalement de planification écologique[207]. Il s'agit d'un modèle de développement durable ; en adoptant un nouveau paradigme, de notre mode de production, de notre mode de consommation, qui puisse prendre en compte la nécessité de la sauvegarde de biodiversité. Pensons aux générations futures. La planification écologique d'un an, ensuite deux ans, sans chasse serait un essai, pour aboutir à l'interdiction de la chasse.

Le déséquilibre de la biodiversité, est la cause majeure du changement climatique qui menace l'humanité.

Nous sommes invités à vivre en harmonie avec la nature pour protéger notre planète.

« Quand l'humanité et la Nature avancent ensemble, main dans la main et en harmonie, la vie est plénitude. C'est quand la mélodie et le rythme se complètent que la musique est belle et agréable aux oreilles. Ainsi, quand les humains vivent en accord avec les lois de la Nature, la vie est une symphonie »[208].

Aucune action contre la chasse n'est ni petite ni grande. Toute action doit contribuer à sauvegarder la raréfaction de l'espèce animale et à équilibrer naturellement la biodiversité ; la survie de l'humanité en dépend. L'Humanité ne doit pas s'auto-détruire.

---

[207] La planification écologique, qui relève des pouvoirs publics (le modèle de l'État simplement régulateur) ne tient plus. Nous devons nous impliquer dans la transition écologique. Voir :
Louis de Catheu, Ruggero Gambacurta-Scopello, « Discours au Pharo : Un État pour la planification écologique», Études Énergie et environnement, 5 mai 2022, https://legrandcontinent.eu/fr/2022/05/05/un-etat-pour-la-planification-ecologique/

[208] https://www.facebook.com/100000810177139/videos/1092252581569971/

MOTS-CLÉS :

Animal, Approche, Bien-être animal, Biodiversité, Biologique, Blesser, Braconnage, Chaîne, Chasse, Climatique, Domestique, Dommages, Diplomatie, Cognitive, Communauté, Écologique, Écosystème, Égocentrisme, Élevé, Environnement, Équilibre, Éthique, Ethnographie, Espèce-protégée, Expérimentation, Fonctionnaire, Goût, Guerre, Humanité, Identité biologique, Inachevé, Indemnité, Mourir, Naturel, Négocier, Octroyée, Paradigme, Plaisir, Prédateur, Proies, Protéger, Reconnaissance, Régulateur, Régulation, Résilience, Responsabilité, Restauration, Sanitaire, Sauvegarde, Scientifique, Sensibilité, Sociale, Subvention, Sureffectif, Système nerveux, technologie, Tuer, Violentes, Vivants parmi des vivants, Zoologie

KEY WORDS :

Accident, Animal, Approach, Animal welfare, Biodiversity, Biological, Injury, Poaching, Chain, Hunting, Climatic, Domestic, Damage, Diplomacy, Cognitive, Community, Ecological, Ecosystem, Self-centeredness, High, Environment, Balance, Ethics, Ethnography, Species - protected, Experimentation, Official, Taste, War, Humanity, Biological identity, Unfinished, Indemnity, Die, Natural, Negotiate, Granted, Paradigm, Pleasure, Predator, Prey, Protect, Recognition, Regulator, Regulation, Resilience, Responsibility, Restoration, Sanitary, Safeguarding, Scientific, Sensitivity, Social, Subsidy, Staffing, Nervous system, technology, Killing, Violent, Alive among the living, Zoology.

ANNEXE 1/

INDEX :

ANNEXE 2/

Quelles sont les espèces animales protégées ?

Vérifié le 15 février 2021 - Direction de l'information légale et administrative (Premier ministre)

Une espèce animale protégée est une espèce sauvage qui fait l'objet de mesures de conservation.

En FRANCE, les espèces protégées sont listées par arrêtés ministériels.

Les actions suivantes sont interdites :

- Détruire ou enlever les œufs ou les nids des animaux de ces espèces
- Mutiler ces animaux, les tuer ou les capturer
- Perturber intentionnellement ces animaux dans leur milieu naturel
- Les naturaliser
- Transporter, colporter, utiliser, détenir des animaux de ces espèces
- Mettre en vente, vendre ou acheter des animaux

Il est également interdit de détruire, de modifier ou de dégrader les habitats naturels de ces espèces.

Il est ainsi par exemple interdit de capturer, détenir, tuer les hérissons, les écureuils, les castors, les loutres, les loups, les lynx, les ours, les vipères aspic, les salamandres noires.

Le fait de ne pas respecter ces mesures de protection est puni de 3 ans d'emprisonnement et de 150 000 € d'amende. Voir : article L. 415-3 du Code de l'environnement.

Au niveau international, la protection des espèces sauvages est organisée par la Convention sur le commerce international des espèces de faune et de flore sauvages menacées d'extinction (*Cites*) . Cette convention, également appelée *Convention de Washington*, réglemente le commerce international des spécimens des espèces inscrites à ses annexes.

Les espèces couvertes par la convention *Cites* sont inscrites à l'une des 3 annexes de la Convention selon le degré de protection dont elles ont besoin :

- L'annexe I comprend toutes les espèces menacées d'extinction. Le commerce de leurs spécimens n'est autorisé que dans des conditions exceptionnelles.
- L'annexe II comprend toutes les espèces qui ne sont pas nécessairement menacées d'extinction, mais dont le commerce des spécimens est réglementé pour éviter une exploitation incompatible avec leur survie.
- L'annexe III comprend toutes les espèces protégées dans un pays qui a demandé aux autres pays ayant rejoint la convention leur assistance pour en contrôler le commerce.

Au niveau européen, la convention *Cites* est mise en œuvre au travers d'un règlement du Conseil de l'Union européenne.

La convention *Cites* s'applique en FRANCE.

Ainsi, le commerce d'animaux vivants ou morts inscrits aux différentes annexes de la Convention est réglementé. Il en est de même du commerce de produits issus de ces animaux (peaux, plumes, dents, ...) et de marchandises issus ou contenant des produits de ces animaux (cuirs, produits cosmétiques, ...).

Il est ainsi interdit par exemple de vendre ou d'acheter un lionceau, de l'ivoire, un perroquet gris du Gabon, une peau de tigre, des hippocampes, des bijoux en écaille de tortue verte.

Source : https://www.service-public.fr/particuliers/vosdroits/F34977

ANNEXE 3/

ARRÊT SUR IMAGES SÉLECTIONNÉES :

Animaux et accident de la route (I), le plaisir de tuer : c'est abominable (II), le meilleur régulateur de la faune sauvage reste le prédateur naturel de l'espèce (III), On peut avoir d'autres vêtement et ornements que la peau des animaux (IV), les animaux ont des émotions humaines, ils aiment aussi leurs bébés (V), comme les êtres humains, les animaux se transmettent traditions et culture (VI), on peut s'amuser avec ces autres formes d'êtres-vivants (VII), et les types d'écosystème - Classification générale (VIII).

I - Animaux et accident de la route et raréfaction d'espèce animale

Image n°2/

Quand Rhinos Angry - Mad Moment Rhinos se sont précipités pour attaquer les voitures - Rhinos Attack, Car, Buffalo, Lion, https ://www.facebook.com/permalink.php?story_fbid=389137032676736&id=100047413270456; consulté le 03/10/2021.

Image n°3/

Un gorille Silverback arrête la circulation pour traverser la route, https ://www.facebook.com/permalink.php?story_fbid=391786889078417&id=100047413270456 ; consulté le 03/10/2021

Image n°4/

Source : MAILLARD JEAN-FRANÇOIS, « Perruche à collier règlementation et perspectives de gestion », Office française de la biodiversité (OFB), 2017/12. http ://especes-exotiques-envahissantes.fr/wp-content/uploads/2017/12/perruche_reunion-ofb.pdf

II - Plaisir de tuer : c'est abominable

Image n°5/

« Afrique du Sud : Une chasseuse abat une girafe et se prend en photo avec son cœur », Elle justifie son geste en déclarant que « tuer la girafe taureau vieillissant aide à sauver les espèces menacées en Afrique du Sud ».

https ://www.leprogres.fr/faits-divers-justice/2021/02/23/une-chasseuse-abat-une-girafe-et-se-prend-en-photo-avec-son-coeur ; consulté le 24/02/2021.
Par Le Progrès - 23 févr. 2021 à 13:05

III - Le meilleur régulateur de la faune sauvage reste le prédateur naturel de l'espèce

Image n°6/

https ://www.facebook.com/1742440202658121/videos/335247811008429

Wow ! The marathon between lionsand baby boars. ????

WOW ! ! ! Le marathon entre lions et bébés sangliers.

IV- On peut avoir d'autres vêtement et ornements que la peau des animaux

Image n°8/ Voir Annexe N°3

https ://my-leopard.com/blogs/leopard/imprime-leopard-guepard; peau de léopard comme habits et tapis ou ornement en Afrique en Europe ; Consulté le 14/11/2021

V - Les animaux ont des émotions humaines, ils aiment aussi leurs bébés : « ne les tuons pas »

Image n°10/

Les animaux ressentent l'amour comme les humains. Là, un cou
loups et ses petits... Dans un couple de loups, la fidélité est exceptior
La tendresse et les contacts sont constants. Il suffit de bien les obser
on peut voir leur tendresse, leur affection... leur attachement à sa f
est exemplaire et la vie en clan révèle un lien social fort entre les indi
Dans la société des loups, c'est la convivialité qui domine. Le loup
animal social ! Exception le Loup oméga.

RL Leucarl

https ://www.facebook.com/michel.lecar.71/posts/8029058734847

décembre 2019 ; consulté le 03/10/2021

Image n°11/

https://www.facebook.com/100009547610994/posts/30359362

Bel Amour maternel d'une lionne

Consulté le 03/11/2021

Image n°12/

Henriette Johnson
4 mars, 12 :00 ·
La forêt impénétrable de Bwindi se situe dans le sud - ouest de l'Ouganda en Afrique de l'Est.
Ce parc abrite plusieurs espèces d'animaux.
Ce jour-là, nous sommes allés visiter les gorilles. Impressionnants. Émouvants, et très attendrissants
https ://www.facebook.com/100014463258438/posts/1269643100194453
Consulté le 10/03/20
V.égal., MUKIZA GROUP BINP
MUKIZA GROUP BINP – Recherche Google

Image n°13/

Dhritiman Mukherjee sur Instagram :
Posted @withregram • @bbcnews Take a close look at this picture.
No, that's not seaweed covering the crocodile, it's actually lots of young...
V.égal., Le photographe indien de faune Dhritiman Mukherjee a passé ces deux dernières décennies à consacrer sa vie à documenter et à protéger les animaux.
Un papa crocodile offre une balade sur son dos à plus de 100 de ses petits
Par Cyril Renault , le mercredi, 7 octobre 2020, 2h20 , mis à jour le mercredi, 7 octobre 2020, 8h42 - 4 minutes de lecture
https://sain-et-naturel.ouest-france.fr/un-papa-crocodile-offre-une-balade-sur-son-dos-a-plus-de-100-de-ses-petits.html?fbclid=IwAR3Pid7ftLtNYC_Ukn0ixK2iWMft4V2bKILU

Image n°14/

https://www.facebook.com/defendrelesanimaux/posts/10158353652020120
Toutes les mères aiment leurs bébés (hélas, ce n'est pas toujours vrai, même dans le monde animal où certaines mères mangent leurs petits), ne les tuons pas. Par : Défendre les animaux et protéger la nature
10 mai 2020 : « Toutes les mères aiment leurs bébés. Ne les séparez pas en les mangeant » ?? ??
Consulté le 05/10/2021

VI – Comme les êtres humains, les animaux se transmettent traditions et culture

Image n°15/

Différentes espèces animales étudiées par les chercheurs : des grues (A), des mouches drosophiles (des mouflons d'Amérique (C), des singes vervets (D), des suricates (E), des baleines à bosse (F). (Photos : Sciencemag.org / Thomas Mueller (A), Étienne Danchin (Stock – Skibreck (C), Erica Van de Waal (D), Alex Thornton (E), Jennifer Allen (F))

Par Olivier DUPLESSIX, « Comme les êtres humains, les animaux se transmettent traditions et culture » - Edition du soir Ouest-France - 09/04/2021, consulté le 03/05/2021

VII - On peut s'amuser avec ces autres formes d'êtres-vivants

Image n°16 /

(483) [ANIMAUX] Le lynx, ce félin méconnu #CCVB - YouTube
Consulté le 04/10/2021

Publié le 24 mars 2016. Contrairement à ce que l'on pense, « avoir des yeux de lynx » n'est pas une référence à l'animal, mais plutôt à un personnage de l'Antiquité grecque « Lyncée ».
Le lynx est un félin de la sous-famille des félinés.
Parmi les félins, les lynx sont aisément reconnaissables à leur face ornée de favoris, à leurs oreilles triangulaires surmontée d'une touffe de poils noirs, à leur corps doté d'une courte queue et de longues pattes.

Image n°17 /

https ://www.facebook.com/permalink.php?story fbid=1200561776817394&id=580068005533444
THOSE LAZY DAYS DEAN SCHNEIDER
Consulté le 05/10/2021

VIII - Types d'écosystème - Classification général

- Les **écosystèmes** terrestres.
- Les **écosystèmes** aquatiques.
- **Écosystèmes** mixtes (eau-terre) et aéroterrestres (air-terre).
- **Écosystèmes** paysagers modifiés artificiels ou non naturels (créés par l'homme).

23 types d'écosystèmes, mise à jour 15 avr. 2021 ; consulté le 25/09/2021

Image n°7

Par Paola Milan Lopez, Traductrice. Actualisé: 15 avril 2021
https://www.projetecolo.com/types-d-ecosystemes-definition-classification-et-exemples-10.html
Notamment entre la Convention de Berne (Convention relative à la conservation de la vie sauvage et du milieu naturel, Berne, 19 sept. 1979.)

Image n°9

PIERRE-MICHEL FORGET, « LES FORÊTS TROPICALES : LEUR RÔLE POUR LE CLIMAT ET LA BIODIVERSITÉ »,

Proportion de la superficie mondiale de la forêt par domaine climatique.
© Rapport FRA 2022 de la FAO
V. égal., My Race, « 12 plus grandes forêts tropicales du monde et où les trouver », https://racem.org/12-plus-grandes-for%C3%AAts-tropicales-du-monde-et-o%C3%B9-les-trouver/
https://www.mnhn.fr/fr/les-forets-tropicales-leur-role-pour-le-climat-et-la-biodiversite ; consulté 20/04/2022.

ANNEXE 4/

BIBLIOGRAPHIE

Ouvrages

Ouvrages généraux

- E. KANT, « Anthropologie du point de vue pragmatique », 1798, I, 1.

- ANDRÉ LALANDE : Vocabulaire technique et critique de la philosophie, chez Puf, 18e édition 1996, 3e édition « Quadrige » : 2010, novembre, pp. 305 et 306.
« La morale, c'est-à-dire l'ensemble des prescriptions admises à une époque et dans une société déterminée, l'effort pour se conformer à ces prescriptions, l'exhortation à les suivre ».
Idem, p.306 : « Le mot ethnographie est composé du préfixe « ethno » (du grec έθνος, peuple, nation, ethnie) et du suffixe « graphie » (au grec γράφειν, écrire), pour signifier description des peuples. L'ethnographie est le domaine des sciences sociales qui étudie sur le terrain la culture et le mode de vie de peuples ou milieux sociaux donnés. Cette étude était autrefois cantonnée aux populations dites alors « primitives ». Par la suite son champ s'est étendu à tout peuple ou milieu : l'ethnographie peut par exemple étudier le milieu geek »
Ethnographie : Description des divers peuples, leur genre de vie et de leurs institutions. Ethnologie : Étude explicative des phénomènes décrits par l'ethnographie.

Ouvrages spéciaux

- ANNE VOURC'H ET VALENTIN PELOSSE, *Chasser en Cévennes*, Éd. C.N.R.S. éditions. Berger, *Jurisprudence de la Cour européenne des droits de l'homme,* préf.L.-E. Pettiti, Sirey, 9e éd., 2004.
- C. LEVI-STRAUSS, Réflexions sur la liberté, *in* Le regard éloigné, Plon, 1983, p.371, citation p. 374.
- COMBY JOSEPH, Mémento d'urbanisme, Paris, CRU 1978, p.575.

- CATHERINE LARRERE Professeur de philosophie à l'Université de Bordeaux III Raphaël LARRERE Directeur du Département Economie et Sociologie INRA – Ivry sur Seine Jean-Marc GONZALES Directeur du Syndicat Mixte du Mont-Ventoux, « L'éthique et le Contrat Social environnemental » dans ETHIQUE ET ENVIRONNEMENT, ouvrage des réflexions menées lors de l'Université du Réseau Régional des Gestionnaires d'Espaces Naturels Protégés de Provence-Alpes-Côte d'Azur au mois d'Avril 2002 en Corse et de celles formulées, dans un deuxième temps, lors des 14e Rencontres Régionales de l'Environnement à Antibes - Juan-les-Pins en Octobre 2002.

- FRANÇOISE PERRIOT, *Les Indiens & la nature*, ISBN 978-2-268-09517-2, Rocher Editions, paru 02/11/2017 ; voir égal., Baptiste Morizot, *Raviver les braises du vivant*, édition ACTES SUD -WILDPROJECT, paru le 16 septembre 2020 par Association pour la protection des animaux sauvages. Idem, *Manières d'être vivant*, Editeur :Actes Sud,paru 05/02/2020. Idem, *Sur la piste animale*, Editeur : Actes Sud, paru 11/04/2018-J.M. Moriceau, Histoire du méchant loup.3000 attaques sur l'homme en FRANCE. XVe-XXe siècle, Fayard, 2007.-LESTEL Dominique, *Les origines animales de la culture*, Paris, Flammarion, 2001, p 329.

- GERARD CHAROLLOIS, « Abolir la chasse en FRANCE, c'est possible ! », CVN - Convention Vie et Nature - CVN - Convention Vie et Nature (ecologie-radicale.org).

- MARIE-MONIQUE ROBIN, La fabrique des pandémies, Préserver la biodiversité, un impératif pour la santé planétaire, 04/02/2021, Chez La Découverte. Livre adapté sous la forme d'un documentaire.

- MAURICE BIGORRE, Plaidoyer pour une chasse écologiquement responsable, Editeur : Association Nationale Pour Une Chasse Écologiquement Responsable ANPCAR (1 janvier 1995)

- OLIVIER DUPLESSIX, *Comme les êtres humains, les animaux se transmettent traditions et culture* - Edition du soir Ouest-France - 09/04/2021, consulté le 03/05/2021.

-YVES STRICKLER, *L'animal. Propriété. Responsabilité. Protection,* Presses Universitaires de Strasbourg, 2010.

- YVES STRICKLER, *Les biens,* Thémis droit PUF, septembre 2006.

ARTICLES DE REVUE

- M.-P. CAMPROUX-DUFFRENE, Prop.7 « Pour l'inscription dans le Code civil d'une responsabilité civile environnementale », in Dossier spéc. sur « Mieux réparer le dommage environnemental », Réflexions autour du rapport de la Commission Environnement du Club des juristes : Environnement et dév. Durable 2012, dossier 8 ; « Entre environnement per se et environnement pour soi : la responsabilité civile pour atteinte à l'environnement » : Environnement et dév. Durable 2012, étude 14.

La protection de l'environnement naturel via la responsabilité civile se veut plus anthropocentrée. Selon M.-P. Camproux-Duffrène, celle-ci repose sur la nécessité de protéger le droit d'usage qu'a l'homme sur les choses communes, un droit non exclusif et restrictif de façon à limiter les cas de raréfaction ou de pollution des éléments.

Idem, « L'évaluation par le juge judiciaire du préjudice écologique en cas d'atteintes factuelles à l'environnement » : Dr. env., oct 2010. P.334.

- MARIE-ANNE FRISON-ROCHE : « La conception de la Sanction dans la Régulation. Conséquence sur la naissance d'une obligation de "collaboration" dans les enquêtes du Régulateur », MAFR. Law, Compliance, Regulation NEWSLETTER SUR LINKEDIN Publié le 20 février 2022, https ://www.linkedin.com/pulse/la-conception-de-sanction-dans-régulation-conséquence-frison-roche/?originalSubdomain=fr ; consulté le 30/03/2022

- MARIE-ANNE FRISON-ROCHE (***mafr***), « J***usqu'***où ***va la puissance de l'exercice juridique de qualification***. ***Law&Litterature*** », ComplianceTech®-Director du Journal of Regulation & Compliance (JoRC). Modifié le 06/06/2022. https://www.linkedin.com/posts/mafr1_en-californie-les-abeilles-sont-d%C3%A9sormais-activity-6939474987565125634-Lt36?utm_source=linkedin_share&utm_medium=member_desktop_web ; consulté le 06/06/2022

- LAURENT GOURMELEN, « Bestiaires et mythologie en Grèce ancienne : l'hirondelle, images, métaphores et métamorphoses », Université d'Angers, L'UNAM, CERIEC EA 922, p. 83-95

- JEAN-CLAUDE ZARKA, La loi « biodiversité » Petites affiches - n°173, 30 août 2016, n° 120b7, p. 7.

- MARTHE LUCAS, Etude 6, « Préjudice écologique et responsabilité. -Pour l'introduction légale du préjudice écologique dans le droit de la responsabilité administrative », Note 6, Cass. crim., 25 sept.2012, n°10-82.938, Erka, Environnement n°4, Avril 2014.

- O. LE BOT, « Des droits fondamentaux pour les animaux : une idée saugrenue ? », Revue Semestrielle de Droit Animalier (RSDA) 1/2010, p.11, qui, peut-être déçu par le Great Ape Project, considère qu'il n'est pas utile d'emprunter cette voie.
Southem (ce ne serait pas Southern?) California Law Review

Fondateur de C. Stone, « Shouldtrees have standing? Towardlegalrights for natural for objects », Southem (idem) California Law Review, 45-2, 1972, p.148.

- CHRISTOPHE PRIVAT : « Quelques réflexions sur la loi du 26 juillet 2000 » Gaz. Pal. 4 oct. 2001, n°277, p. 13. Le XXe siècle a vu se multiplier les textes à vocation environnementale : loi du 2 mai 1930 relative à la protection des monuments naturels et des sites ; loi n° 68-1172 du 27 décembre 1968 relative à l'indemnisation des dégâts dus au grand gibier ; création du ministère de l'environnement en 1971 ; loi du 30 juillet 1963 instaurant le plan de chasse facultatif devenu obligatoire pour 5 espèces d'ongulés avec la loi du 29 décembre 1978 ; loi du 10 juillet 1976 relative à la protection de la nature ; loi 95-101 du 2 juillet 1995 relative au renforcement de la protection de l'environnement dite loi « Barnier » ; incorporation au sein de notre législation nationale de nombreuses conventions internationales : *Paris* du 19 mars 1902 relative à la protection des oiseaux utiles à l'agriculture ; *Ramsar* du 2 février 1971 relative aux zones humides d'importance internationale ; *Bonn* du 23 juin 1979 relative à la conservation des espèces migratrices appartenant à la faune sauvage ; *Berne* relative à la conservation de la vie sauvage et du milieu naturel en Europe ; *Rio* du 22 mai 1992 relative à la diversité biologique... et de textes européens, notamment les directives 79/409 et 92/43 ayant trait respectivement à la conservation des oiseaux sauvages en Europe et à la conservation des habitats naturels, de la faune et de la flore sauvages (Gaz. Pal., Rec. 2000, légis. p. 473) relative à la chasse...

Idem : « Texte relatif à la Chasse : Loi n° 2000-698 du 26 juillet 2000 », Gaz. Pal., Rec. 2000, légis. p. 473, J.O., n° 172 du 27 juillet 2000, p. 11542. Contient un certain nombre de mesures souhaitées par une majorité de gestionnaires de la nature et de chasseurs.
Ibid. : Le premier et jusqu'à ce jour unique texte à vocation générale sur la chasse était la loi du 3 mai 1844. Ce texte était avant tout destiné à mettre en place des mesures de police de la chasse respectueuses du droit de propriété.
Elle a fait l'objet d'un protocole additionnel le 10 mai 1979 et a été révisée le 6 novembre 2003.

- MICHEL REDON, « Art. 2 - Chasse interdite pour des raisons de sécurité publique » *in* Dalloz / Répertoire de droit pénal et de procédure pénale « Chasse – Régime des infractions de chasse », – Octobre 2019, https ://www-dalloz-fr.scd-rproxy.u-strasbg.fr ; consulté le 03/03/2022

- RÉMY LIBCHABER, « La souffrance et les droits. A propos d'un statut de l'animal », Chroniques Animal, Recueil Dalloz-13 février 2014-n°6.

- SERGE MORAND, L'homme, la faune sauvage et la peste, Éditeur : Fayard (9 septembre 2020).

SITES WEB

- « Action de chasser, de poursuivre les animaux pour les manger ou les détruire ». Où : « Action de chasser, de guetter ou de poursuivre les animaux pour les prendre ou les tuer » dans le Larousse.
https ://www.larousse.fr/dictionnaires/francais/chasse/14854

- https ://aida.ineris.fr/consultation document/31197 ; consulté le 06/11/202.

- Quand Rhinos Angry - Mad Moment Rhinos, se sont précipités pour attaquer les voitures - Rhinos Attack, Car, Buffalo, Lion,
https ://www.facebook.com/permalink.php?story_fbid=389137032676736&id=10004741327 0456; consulté le 03/10/2021.V.égal., Un gorille Silverback arrête la circulation pour traverser la route,

https ://www.facebook.com/permalink.php?story_fbid=391786889078417&id=10004741327 0456 ; consulté le 03/10/2021.

- « APPEL À PROJETS EN COURS, Soutien à la lutte contre la prédation »
Publié le Mercredi 3 avril 2019 - Mis à jour le Lundi 4 juillet 2022
https://www.europe-en-auvergnerhonealpes.eu/appel-projet/soutien-la-lutte-contre-la-predation-0
V. égal.,
Situation actuelle et perspectives pour l'élevage ovin et caprin dans l'Union
Résolution du Parlement européen du 3 mai 2018 sur la situation actuelle et les perspectives pour l'élevage ovin et caprin
dans l'Union (2017/2117(INI))
(2020/C 41/08)
https://eur-lex.europa.eu/legal-content/FR/TXT/PDF/?uri=CELEX:52018IP0203&from=EN; consulté le 28/07/2022

- CÉCILE ARNOUD : « Le lynx en France, persona non grata ? », Publié le 21.03.2017 à 10h47 | Modifié le 03.04.2018 à 8h32 ; https ://www.especes-menacees.fr/actualites/lynx-france-persona-non-grata/ ; consulté le 24/02/2021.

- ARNAUD AUBER, 20 Minutes avec The Conversation, «Pourquoi la disparition des poissons « rares » menacerait l'ensemble de l'écosystème marin», En mer du Nord, les cinq espèces présentant les traits écologiques les plus rares sont le requin-hâ, l'aiguillat commun, les émissoles, le congre et la grande castagnole.
L'analyse de ce phénomène a été menée par ARNAUD AUBER, chercheur en écologie des communautés à l'Institut Français de Recherche pour l'Exploitation de la Mer (Ifremer). Publié le 25/02/21 à 08h45 — Mis à jour le 17/11/21 à 12h21.
https://www.20minutes.fr/planete/2980067-20210225-pourquoi-disparition-poissons-rares-menacerait-ensemble-ecosysteme-marin ; consulté le 26/05/2022

- ASPAS, « Joyeux anniversaire les Suisses : 40 ans sans chasse, et tout va bien ! », 13/05/2014, https ://www.aspas-nature.org/communiques-de-presse/joyeux-anniversaire-les-suisses-40-ans-sans-chasse-et-tout-va-bien/; consulté le 08/01/2022

- Colloque du Lundi 14 novembre 2022 à la Grand'chambre de la Cour de Cassation Française à Paris. https://www.courdecassation.fr/agenda-evenementiel/comment-rendre-effective-la-reparation-en-nature-du-prejudice-ecologique-et

- FIONA BONASSIN, Automobiliste tué par le tir d'un chasseur près de Rennes : « Au moins deux erreurs gravissimes ont été commises », Publié le 05/11/2021 à 11 :49, mis à jour à 12 :17, https ://www.ladepeche.fr/amp/2021/11/05/automobiliste-touche-par-le-tir-dun-chasseur-pres-de-rennes-au-moins-deux-erreurs-gravissimes-ont-ete-commises-9910384.php#aoh=16361327970156&referrer=https%3A%2F%2Fwww.google.com&_tf=Source%C2%A0%3A%20%251%24s

- Fondation BRIGITTE BARDOT, « LA CHASSE : UN PROBLÈME MORTEL » ; https ://www.fondationbrigittebardot.fr/la-fondation/nos-combats/chasse/; consulté le 02/12/2021.

- « La biodiversité en danger »; https ://ofb.gouv.fr/pourquoi-parler-de-biodiversite/la-biodiversite-en-danger; consulté le 06/12/2021.

- Louis de Catheu, Ruggero Gambacurta-Scopello, « Discours au Pharo : Un État pour la planification écologique», Études Énergie et environnement, 5 mai 2022, https://legrandcontinent.eu/fr/2022/05/05/un-etat-pour-la-planification-ecologique/

- THIBAULT CHAFFOTTE, « La perruche à collier a fait son nid en Ile-de-France », le 10 janvier 2018 à 19h21 https://www.leparisien.fr/val-d-oise-95/la-perruche-a-collier-a-fait-son-nid-en-ile-de-france-10-01-2018-7493478.php ; consulté le 27/07/2022.
V. égal., MAILLARD JEAN-FRANÇOIS, « Perruche à collier règlementation et perspectives de gestion », Office française de la biodiversité (OFB), http ://especes-exotiques-envahissantes.fr/wp-content/uploads/2017/12/perruche_reunion-ofb.pdf; consulté le 27/07/2022.

- Dans image en ligne Avec √ Bing : « La chasse » rechercher sur Bing. Cette photo par Auteur inconnu est soumise à la licence CC BY-NC. Consulté le 15/01/2022. En modifiant ou en contribuant de quelque autre façon à un wiki sous licence CC BY-NC, vous acceptez de mettre vos contributions sous licence CC BY-NC, sous réserve de la dérogation concernant l'usage commercial. Voir : https://www.fandom.com/fr/licensing-fr

- https ://www.chasserenbretagne.fr/IMG/doc/22/infractions_a_la_chasse.pdf ; consulté le 19/12/2021.

- CAMILLE ALLAIN, « Ille-et-Vilaine : L'automobiliste touché par le tir d'un chasseur est décédé »
Publié le 04/11/21 à 19h22 — Mis à jour le 04/11/21 à 19h41, https ://www.20minutes.fr/societe/3165127-20211104-ille-vilaine-automobiliste-touche-tir-chasseur-decede ; consulté le 05/02/2022.

- Citation sur le droit des animaux (oiseau-libre.net)

- « Un coyote en train de courir », à Chino, en Californie, le 27 octobre 2020. | Robyn Beck / AFP ;
Rapporté par Slate.fr « Un massacre animalier : les États-Unis ont tué 1,75 million d'animaux sauvages en un an », sam. 26 mars 2022, 4 :32 PM·2 min de lecture ; consulté le 03/03/ 2022.

- Un papa crocodile offre une balade sur son dos à plus de 100 de ses petits
Dhritiman Mukherjee sur Instagram : Posted @withregram • @bbcnews Take a close look at this picture. No, that's not seaweed covering the crocodile, it's actually lots of young…
V.égal., Le photographe indien de faune Dhritiman Mukherjee a passé ces deux dernières décennies à consacrer sa vie à documenter et à protéger les animaux.
Un papa crocodile offre une balade sur son dos à plus de 100 de ses petits
Par Cyril Renault , le mercredi, 7 octobre 2020, 2h20 , mis à jour le mercredi, 7 octobre 2020, 8h42 - 4 minutes de lecture
https://sain-et-naturel.ouest-france.fr/un-papa-crocodile-offre-une-balade-sur-son-dos-a-plus-de-100-de-ses-petits.html?fbclid=IwAR3Pid7ftLtNYC_Ukn0ixK2iWMft4V2bKl

- https ://www.fr24news.com/fr/a/2020/12/lincroyable-art-corporel-humain-sur-la-france-a-du-talent-vous-transportera-dans-la-jungle.html, consulté le 18/09/2021.

- Site de la Cour européenne des droits de l'homme : http ://www.echr.coe.int/echr

- Site de la Cour de justice de l'Union européenne : https ://www.dalloz-actualite.fr/flash/nouvelle-confrontation-entre-bien-etre-animal-et-abattage-rituel#.YDPxwtWg9Pa ; consulté le 22/02/2021.

- Directive habitats et l'application de l'article l. 411-2 du Code de l'environnement https ://view.officeapps.live.com/op/view.aspx?src=http%3A%2F%2Fwww.fondation-igd.org%2Fwp-content%2Fuploads%2F2019%2F11%2F19-05-28-Note-sur-lapplication-de-larticle-L-411-2-du-code-de-lenvironnement-1.doc&wdOrigin=BROWSELINk ; consulté le 01/03/2022.

- Directive 92/43/CEE du CONSEIL du 21 mai 1992 concernant la conservation des habitats naturels ainsi que de la faune et de la flore sauvages.

- BAUDOUIN DE MENTEN, « Chasse et ours : l'audience du Tribunal administratif de Pau », le 3 sep 2008. https ://www.buvettedesalpages.be/2008/09/audience-pau.html ; consulté le 20/02/2022. Via : https ://www.ecosia.org/
V. égal., Jean Lauzet, « La biodiversité se défend aussi devant les tribunaux », novembre 2011. http ://www.sepanso64.org/spip.php?article108 ; consulté le 20/02/2022.
Via : https ://www.ecosia.org/

- « Des dégâts en hausse », Chasse : le cas des sangliers au cœur des conflits entre pro et anti chasse (lavoixdunord.fr).

- PIERRE-MICHEL FORGET, « LES FORÊTS TROPICALES : LEUR RÔLE POUR LE CLIMAT ET LA BIODIVERSITÉ »,
https://www.mnhn.fr/fr/les-forets-tropicales-leur-role-pour-le-climat-et-la-biodiversite ; consulté 20/04/2022.
Proportion de la superficie mondiale de la forêt par domaine climatique.
© Rapport FRA 2022 de la FAO
V. égal., My Race, « 12 plus grandes forêts tropicales du monde et où les trouver », https://racem.org/12-plus-grandes-for%C3%AAts-tropicales-du-monde-et-o%C3%B9-les-trouver/

- Jacky DUPONTEIX, « Plaidoyer pour la chasse »,
http://lachapellegonaguet.free.fr/assochassplaidoyer.html

- https ://www.ecologie.gouv.fr/programme-europeen-financement-life

- https ://www.ecologie.gouv.fr/chasse-en-france

-Un écosystème est un milieu de vie donné. Il est constitué de l'ensemble des organismes vivants (la biocénose) et de leur environnement non vivant (le biotope). Dans un lac, par exemple, les poissons, les algues et les plantes aquatiques sont les composants vivants ; l'eau, la vase et le climat sont les composants non vivants. Le biotope et la biocénose sont liés par de multiples interactions, souvent de nature alimentaire (l'un mange l'autre). On parle alors de relations trophiques. Des animaux liés par des relations trophiques constituent une chaîne alimentaire. Dans une chaîne alimentaire, chaque organisme est un maillon qui constitue une source de nourriture pour le maillon suivant. Une chaîne alimentaire débute toujours par des végétaux chlorophylliens qui sont des producteurs primaires. Cela signifie qu'ils sont capables d'utiliser les substances minérales (dioxyde de carbone, nitrates, etc.) qu'ils puisent dans le sol, dans l'eau ou dans l'air pour fabriquer par photosynthèse leur structure organique. Ces producteurs primaires servent de nourriture aux consommateurs herbivores. Ceux-ci alimentent une succession de consommateurs carnivores. Chaque maillon de la chaîne définit un niveau trophique : des producteurs primaires, des consommateurs de premier ordre (consommateurs herbivores), des consommateurs de deuxième ordre (premiers consommateurs carnivores, etc.). Les décomposeurs dégradent les restes des plantes et d'animaux morts et fournissent ainsi les substances minérales aux producteurs primaires. Voir plus : « LES ÉCOSYSTÈMES DE LA PLANÈTE », Les écosystèmes de la planète - Les cahiers du DD - outil complet (cahiers-developpement-durable.be), consulté le 25/09/2021..

- Cinq émotions « humaines » que certains animaux peuvent aussi ressentir - BBC News Afrique, 26 novembre 2019, Mise à jour 23 février 2021, consulté le 19/09/202.
* Les animaux ressentent l'amour comme les humains. Là, un couple de loups et leurs petits... Dans un couple de loups, la fidélité est exceptionnelle. La tendresse et les contacts sont constants. Il suffit de bien les observer et on peut voir leur tendresse, leur affection... Leur attachement à leur famille est exemplaire et la vie en clan révèle un lien social fort entre les

individus. Dans la société des loups, c'est la convivialité qui domine. Le loup est un animal social !
RL Leucart,https ://www.facebook.com/michel.lecar.71/posts/802905873484771;16 décembre 2019 ; consulté le 03/10/202.

- FEDERATION CYNEGETIQUE GENEVOISE, « GENÈVE, 47 ANS DE CHASSE SANS CHASSEURS », 22 avr. 2021 http ://chassegeneve.ch/actualites-genevoise/etat-des-lieux-40-ans-sans-chasse/. consulté le 08/01/2022
Voir égal., https ://www.ge.ch › cohabiter-faune-sauvage › canton-...16 févr. 2021 ; consulté le 08/01/2022.

- ROSE-MARIE GERARD, « Présidentielle 2022 : Brigitte Bardot affiche son soutien pour un "petit" candidat ». Cela fait des années que Brigitte Bardot se consacre de tout son être à la défense animale. À la veille de la présidentielle, l'actrice a affiché son soutien sur Twitter le dimanche 20 mars 2022 au candidat de droite qui défend le mieux la cause animale. Publié le 21/03/2022 à 8h53, mis à jour le 21/03/2022 à 11h21. https ://www.femmeactuelle.fr/actu/news-actu/presidentielle-2022-brigitte-bardot-affiche-son-soutien-pour-un-petit-candidat-2131411?msclkid=98bd422ca9d911ecb91272b24b4ed198 ; consulté le 22/03/2022.

- ALICE CLAIR ET JULIEN GUILLOT, « Le data du jour. Plus de 400 tués dans des accidents de chasse en FRANCE depuis vingt ans », Data matin dossier, publié le 3 novembre 2021 à 12h24,
https ://www.liberation.fr/societe/plus-de-400-tues-dans-des-accidents-de-chasse-en-france-depuis-vingt-ans-20211103_ZEROXZWTK5BMRNNVZRKD575KA4/, consulté le 06/11/2021.

- informations_regles_animaux.pdf (argences.com), consulté le 01/04/2021.

- MORAN KERINEC, dans : « Que se passerait-il si on arrêtait de chasser en France ? » (Les sangliers, bêtes noires des agriculteurs) 12 novembre 2021 à 9h44, SLATE.FR Société, http ://www.slate.fr/story/218772/que-se-passerait-il-si-arreter-chasser-france-interdire-chasseurs-sangliers; consulté le 30/03/2022.

V. égal., Yves Vérilhac, « Les chasseurs qui seraient les garants pour nous protéger de la nature, c'est un vieux fantasme. » cité par Moran Kerinec, dans : « Que se passerait-il si on arrêtait de chasser en France ? », (Les sangliers, bêtes noires des agriculteurs) 12 novembre 2021 à 9h44, SLATE.FR Société, http ://www.slate.fr/story/218772/que-se-passerait-il-si-arreter-chasser-france-interdire-chasseurs-sangliers; consulté le 30/03/2022.

- ANNIE LABRECQUE, « La deuxième vie de nos excréments », https://www.quebecscience.qc.ca/environnement/la-deuxieme-vie-de-nos-excrements/; consulté le 20/04/2022.

- https ://amp.lefigaro.fr/.../derriere-la-photo-devenue...

- LE DAUPHINE LIBÉRÉ, « Un TGV Paris-Nice touché par une munition de chasse à Avignon », 13 déc. 2018 à 08:50 | mis à jour le 16 déc. 2018 à 15:27, https://www.ledauphine.com/vaucluse/2018/12/13/un-tgv-paris-nice-touche-par-une-munition-de-chasse-a-avignon; consulté le 27/07/2022.

- DOMINIQUE LESTEL, « Les résistances de l'éthologie cartésienne à une compréhension des cultures animales », Mis en ligne sur Cairn.info
le 01/01/2012 https ://doi.org/10.3917/phoir.027.0029

- ROBIN TUTENGES, « En Californie, les abeilles sont désormais des poissons », Slate sciences 5 juin 2022 à 11h27.
Une cour d'appel de Californie, sur la côte ouest des États-Unis, a officialisé une bien étrange décision [...] elle a légalement classé différentes espèces d'abeilles et de bourdons comme étant des poissons.[...] Dans cet État américain, les lois de protection des espèces menacées d'extinction (California En dangered Species Act, CESA) n'incluent en fait pas les abeilles, qui sont pourtant bel et bien menacées, explique le média Futurism. Les insectes en général sont même complètement absents des textes, contrairement aux oiseaux, reptiles, plantes, mammifères et aux poissons.
https://www-slate-fr.cdn.ampproject.org/c/s/www.slate.fr/story/228841/en-californie-les-abeilles-sont-desormais-des-poissons?amp

- CHRISTOPHE MAGDELAINE, « Une très forte majorité de Français souhaite l'interdiction de la chasse le dimanche », https ://www.notre-planete.info/actualites/4400-interdiction-chasse-dimanche ; consulté le 25/02/2022.

- OLIVIER DUBOS, JEAN-PIERRE MARGUENAUD « La protection internationale et européenne des animaux », Dans Pouvoirs 2009/4 (n° 131), pages 113 à 126, https ://www.cairn.info/revue-pouvoirs-2009-4-page-113.htm ; consulté le 10/04/2021.

- https ://www.facebook.com/defendrelesanimaux/posts/10158353652020120
Toutes les mères aiment leurs bébés (hélas, ce n'est pas toujours vrai, même dans le monde animal où certaines mères mangent leurs petits), ne les tuons pas. Par : Défendre les animaux et protéger la nature
10 mai 2020 : « Toutes les mères aiment leurs bébés. Ne les séparez pas en les mangeant » 🙏❤️ Consulté le 05/10/2021

- PAUL N'GUESSAN, «Saison sèche : Les conséquences des feux de brousse sur la faune et la flore », Source: Mali Horizon ; https://niarela.net/societe/environnement/saison-seche-les-consequences-des-feux-de-brousse-sur-la-faune-et-la-flore

- Le caractère "nuisible" d'une espèce dépend, sur le plan réglementaire (art. R. 427-6 du Code de l'environnement), de son classement nuisible au regard d'un au moins des 4 motifs suivants :
Dans l'intérêt de la santé et de la sécurité publiques ;
Pour assurer la protection de la flore et de la faune ;
Pour prévenir des dommages importants aux activités agricoles, forestières et aquacoles ;
Pour prévenir les dommages importants à d'autres formes de propriété.
Le 4° ne s'applique pas aux espèces d'oiseaux.
À noter : une espèce protégée (au sens de l'article L. 411-1 du Code de l'environnement) ne peut être classée nuisible.
Les animaux classés nuisibles se trouvent répertoriés dans les 3 listes prises par arrêté ministériel ou arrêté préfectoral :
- la liste 1 : elle concerne les animaux classés nuisibles en raison de leur caractère exogène et porte sur le chien viverrin, le vison d'Amérique, le raton laveur, la bernache du Canada, le rat musqué, le ragondin
- la liste 2 : elle concerne les animaux dont le classement dépend d'un arrêté ministériel triennal. L'arrêté actuellement en vigueur (du 01/07/2015 au 30/06/2018) concerne, pour le département

de l'Aisne, les espèces suivantes : renard, martre, fouine, corbeau freux, corneille noire, pie bavarde, étourneau sansonnet.

- la liste 3 : elle concerne les animaux classés nuisibles par arrêté préfectoral annuel : lapin de garenne, sanglier, pigeon ramier. Arrêté préfectoral fixant la liste des animaux classés ESOD et les modalités de leur destruction à tir dans le département de l'Aisne pris en application de l'article R.427-6 du code de l'environnement pour la période allant du 1er juillet 2021 au 30 juin 2022. Les animaux classés nuisibles peuvent être détruits selon différentes modalités résumées.

Voir plus : www.aisne.gouv.fr/Politiques-publiques/Environnement/La-chasse/Les-animaux-susceptibles-d-occasionner-des-degats2/Les-animaux-susceptibles-d-occasionner-des-degats.Mise à jour le 01/07/2021; consulté le 25/09/2021

- JACQUES FULBERT OWONO, Terrorisme ou paraterrorisme en Afrique centrale : le cas de Boko Haram au Cameroun, Éditeur : Connaissances & Savoirs; (16 mars 2017). V.égal., ci-dessous : Conservation Nature, « Braconnage : une des plus grandes menaces pour la biodiversité ».Qui sont les braconniers ?https ://www.conservation-nature.fr/ecologie/le-braconnage/ ; dans :
https://www.ecosia.org/search?q=cons%C3%A9quence+du+braconnage+sur+la+biodiversit%C3%A9 ; consulté le 15 /12/2021 .V.,égal., « 15 minutes pour comprendre facilement le braconnage », https://www.youtube.com/watch?v=jwC1uCic_E8&t=101s; 28 avr. 2021.

- Parc de Virunga (RDC). Comment expliquer que des tueurs mettent fin à la vie de ces mammifères végétariens, ces gorilles inoffensifs...si on ne les attaque pas.
https ://www.cairn.info/revue-le-philosophoire-2006-2-page-29.htm ; consulté le 03/05/2021

- ÉLEONORE PICOT, « Les mesures de protection contre les grands prédateurs : quelles aides pour quelle efficacité ?, publié le 22 juillet 2019, https : //www.fondation-droit6animal.org/102-mesures-de-protection-contre-les-grands-prédateurs/ ; consulté le 29/03/2022.

- Plaidoyer: la chasse
https://www.etudier.com/dissertations/Plaidoyer-La-Chasse/356618.html; consulté le 28/07/2022

- Appel à communication - Colloque du 5/07/2019 : "le principe de précaution applicable dans le domaine de l'environnement et de la santé humaine en droit comparé" - Le blog des Comparatistes (over-blog.com).

- Quentin Vasseur, « Comment les pays étrangers pratiquent (ou non) la chasse à courre ? ». Interdite chez deux de nos pays voisins, la chasse à courre y subsiste sous une forme légale et inoffensive. Publié le 13/01/2018 à 17h42 • Mis à jour le 12/06/2020 à 17h40. francetvinfo.fr ; consulté le 03/05/20121.

- Le RAC, « Un préjudice écologique important », https ://www.france-sans-chasse.org/abolition/chasse-et-ecologie, consulté le 24/09/2021.

- Le RAC (Le Rassemblement pour une France sans Chasse), « Réfutation des principaux arguments des chasseurs », https ://www.france-sans-chasse.org/abolition/refutation-arguments-chasseurs, consulté le 24/09/2021.

- Le RAC(Rassemblement contre la chasse en France), « La suppression du statut « nuisible » », https ://www.france-sans-chasse.org/les-revendications-que-nous-soutenons/la-suppression-du-statut-nuisible, consulté le 24/09/2021.

- RAC. Pourquoi abolir la chasse ? « Réfutation des principaux arguments des chasseurs », LES CHASSEURS REGULENT LA FAUNE, (Afin d'obtenir la caution de la population, les chasseurs veulent faire passer leur loisir pour un impératif de service public, se prétendant indispensables à l'équilibre de la faune. Qui peut croire que leurs motivations relèvent d'un quelconque souci de régulation ?) ; « Les lâchers de « gibier » »,
(Vous avez sans doute déjà aperçu, au bord d'une voie rapide ou au détour d'un sentier, un faisan ou un lièvre peu farouche au point de se laisser approcher à quelques centimètres, en quête de nourriture. Vous vous êtes peut-être dit alors que les animaux sauvages s'étaient enfin rendu compte que l'homme est leur meilleur ami…) ;
« Foire aux questions (FAQ). Pourquoi lutter contre la chasse ? Que reprochez-vous à cette pratique ? »
https://www.france-sans-chasse.org/?s=%C3%A9lever+et+tuer&post_type=all

- PHILIPPA SUMNER :« Les conséquences du braconnage », 8 mar2018, https ://rightforeducation.org/fr/2018/03/08/les-consequences-du-braconnage/ ; danshttps ://www.ecosia.org/search?q=cons%C3%A9quence+du+braconnage+sur+la+biodiversit%C3%A9 ; consulté le 15 /12/2021

- RAC, « Une activité contraire à l'éthique », https ://www.france-sans-chasse.org/abolition/chasse-et-ethique, consulté le 24/09/2021.

- Le RAC, qui sommes-nous ?
-Reporterre le quotidien de l'écologie, Journal indépendant : « Présidentielle : le Parti animaliste a les crocs », 6 janvier 2022 à 09h31.Mis à jour le 11 janvier 2022 à 08h39, https ://reporterre.net/Presidentielle-le-Parti-animaliste-a-les-crocs, consulté le 16/01/2022.
La chasse génère des flux financiers considérables : V. Que sais-je n° 2593 précité, p. 49 à 57 ; v. également le « rapport Patriat » consultable sur le site internet du ministère de l'environnement : http ://www.environnement.gouv.fr
- Voir : « Afrique du Sud : Une chasseuse abat une girafe et se prend en photo avec son cœur », Elle justifie son geste en déclarant que « tuer la girafe taureau vieillissant aide à sauver les espèces menacées en Afrique du Sud ». https ://www.leprogres.fr/faits-divers-justice/2021/02/23/une-chasseuse-abat-une-girafe-et-se-prend-en-photo-avec-son-coeur ; consulté le 24/02/2021.

- PIERRE RIGAUX, « La chasse au sanglier : histoire d'une escroquerie nationale » ; https ://blog.defi-ecologique.com › ; consulté le 24/02/2022.

- https://www.service-public.fr/particuliers/vosdroits/F34977

- FELICIA SIDERIS, « Accidents de chasse : que disent les chiffres ? », Publié le 31 octobre 2021 à 11h45, mis à jour le 1 novembre 2021 à 11h48, https ://www.lci.fr/societe/accidents-de-chasse-en-france-que-disent-les-chiffres-2200542.html, consulté le 06/11/2021.

- ANNE-SOPHIE TASSART, « L'extinction de la mégafaune marine serait un drame pour les écosystèmes », le 22.04.2020 à 14h29.
https://www.sciencesetavenir.fr/animaux/animaux-marins/l-extinction-de-la-megafaune-marine-serait-un-drame-pour-les-ecosystemes_143655 ; consulté le 26/05/2022

- SIXTINE LYS, France Bleu, « Chasse : 3.325 accidents recensés depuis 2000 en FRANCE, dont 421 mortels ». L'Office français de la biodiversité et la Fédération nationale de la chasse ont dévoilé ce lundi 1er novembre 2021 les chiffres des accidents de chasse depuis 2000, alors qu'un chasseur a été mis en examen après avoir grièvement blessé par balle samedi un automobiliste en Ille-et-Vilaine. Mardi 2 novembre 2021 à 6:41 – https://www.francebleu.fr/infos/societe/chasse-3-325-accidents-recenses-depuis-2000-en-france-dont-421-mortels-1635824030; consulté le 27/07/2022.

- ALICE TÉTAZ, « Les Français rejettent massivement la chasse ». 11 octobre 2018. https ://www.ipsos.com/fr-fr/les-francais-rejettent-massivement-la-chasse ; consulté le 25/02/2022.

- WILLY SCHRAEN, patron des chasseurs : «le risque zéro n'existe pas». Par Le Figaro avec AFP
Publié le 01/11/2021 à 10:30, mis à jour le 01/11/2021 à 11:31, https://www.lefigaro.fr/actualite-france/willy-schraen-patron-des-chasseurs-le-risque-zero-n-existe-pas-20211101

VIDEO
- (483) [ANIMAUX] Le lynx, ce félin méconnu #CCVB – YouTube. Consulté le 04/10/2021.

- Conservation Nature, « Braconnage : une des plus grandes menaces pour la biodiversité ».Qui sont les braconniers ?https ://www.conservation-nature.fr/ecologie/le-braconnage/ ; dans https ://www.ecosia.org/search?q=cons%C3%A9quence+du+braconnage+sur+la+biodiversit%C3%A9 ; consulté le 15 /12/2021. V.,égal., « 15 minutes pour comprendre facilement le braconnage », https://www.youtube.com/watch?v=jwC1uCic_E8&t=101s; 28 avr. 2021.

- htps ://www.facebook.com/1742440202658121/videos/335247811008429

Wow! The marathon between lions and baby boars. 😂🤣

WOW ! ! ! Le marathon entre lions et bébés sangliers.

-https ://www.facebook.com/100009547610994/posts/3035936250067932/
Bel Amour maternel d'une lionne, Consulté le 03/11/2021.

-https ://www.facebook.com/AnimauxEtPaysagesDuMondeLeSite/posts/3137716859790639 « Fière guéparde et ses guépardeaux ». Consulté le 05/10/2021.

- https ://www.facebook.com/photo.php?fbid=2790584417836369&set=p.2790584417836369 &type=3, consulté le 21 /09/2021.

- https://www.facebook.com/100000810177139/videos/1092252581569971/

- https ://www.fr24news.com/fr/a/2020/12/lincroyable-art-corporel-humain-sur-la-france-a-du-talent-vous-transportera-dans-la-jungle.html, consulté l e 18/09/2021 ;

égal., https ://m.facebook.com/story.php?story_fbid=10226168237377125&id=1374588354 ; consulté le 05/10/2021.

- https ://www.facebook.com/reel/1066322360646816?fs=e&s=cl

- Sébastian SEIBT, Suivre Vidéo par : Julie CHOUTEAU, « Pourquoi la propagation de la variole du singe dans le monde surprend », Ecran d'accueil de France 24, Publié le : 23/05/2022 - 18:01
https://www.france24.com/fr/santé/20220523-pourquoi-la-propagation-de-la-variole-du-singe-dans-le-monde-surprend ; consulté le 27/05/2022.

- Une surveillance caméra est déjà installée dans les forêts tropicales. Il existe même des détecteurs d'espèces animale. On pourrait faire évoluer ces dispositifs électroniques liés à internet.
https://fr.depositphotos.com/stock-footage/animaux-des-for%C3%AAts-tropicales.html

. https://www.facebook.com/100000810177139/videos/1092252581569971/

- SZCZEPANYAMENSKI, « 146 belles citations », biographie (ouest-france.fr) ; consulté le 05/10/2021.

- SEBASTIAN SEIBT, Suivre Vidéo par : Julie CHOUTEAU, « Pourquoi la propagation de la variole du singe dans le monde surprend », Ecran d'accueil de France 24, Publié le : 23/05/2022 - 18:01

https://www.france24.com/fr/santé/20220523-pourquoi-la-propagation-de-la-variole-du-singe-dans-le-monde-surprend ; consulté le 27/05/2022.

- Yohan Blavignat, « La corne de rhinocéros, un bien plus prisé que l'or ou la cocaïne », (entre 50.000 et 70.000 euros le kilo. Soit entre 25.000 et 200.000 euros la corne, selon sa taille, indique WWF.) Les cornes de rhinocéros réduites en poudre sont très prisées en Chine et au Vietnam, où les habitants leur attribuent des vertus médicales. Selon ces croyances, qui n'ont jamais été vérifiées scientifiquement, elles permettraient de faire baisser la fièvre, de faire reculer le cancer, de stopper les saignements de nez et... d'augmenter la libido. Publié le 07/03/2017 à 22:28, mis à jour le 08/03/2017 à 07:22, https://www.lefigaro.fr/actualite-france/2017/03/07/01016-20170307ARTFIG00378-la-corne-de-rhinoceros-un-bien-plus-prise-que-l-or-ou-la-cocaine.php; consulté le 20/04/2022.

JURISPRUDENCES

CEDH

- *Sovtransavto Holding c/Ukraine*, 25 juillet 2002, point 90 (http ://www.echr.coe.int/echr).

- *Chassagnou et autres c/France*, 29 avril 1999, AJDA, 1999, AJDA, 1999.922, note F. Priet, JCP. E. Alfandari, L'adhésion forcée à une association de chasse est condamnée par la Cour européenne des droits de l'homme, D., 2000, chron., 141. Comp. pour le droit local d'Alsace-Moselle : supra, n°82.

- *Sporrong et Lönnroth c/ Suède*, 23 septembre 1982, point 69 – la procédure d'expropriation telle que conçue faisait du droit de propriété des requérants, compte tenu de sa longueur programmée, un droit « précaire et révocable » (point 60). Depuis et par ex. : James et autres c/ Royaume-Uni, 24 octobre 1986 ; Mellacher et autres c/ Autriche, 19 décembre 1989, Clunet, 1990.742, obs. P. Tavernier.

CJUE

Arrêt Liga van Mosetén préc., §§ 63-64 ; 23 avr. 2015, Aff. C-424/13, Zuchtvieh-Export, § 35

Cons. Cont.

4 août 2016, n° 2016-737 DC

Cons. d'État

Cons. d'Etat, 19 juin 2006, n°289274.

Cons. D'État, 20 avr. 2005, ASPAS, n°271216. Voir également, Cons. d'État, 26 avr.2006, *FERUS*, n°271670

30 juill. 2003 : « Il ne ressort ni de l'objet ni des termes de la Loi du 10 juillet 1976, non plus que de ses travaux préparatoires, que le législateur ait entendu exclure que la responsabilité de l'État puisse être engagée en raison d'un dommage anormal que l'application de ces dispositions pourrait causer à des activités- notamment agricoles-autres que celles qui sont de nature à porter atteinte à l'objectif de protection des espèces que le législateur s'était assigné. Il suit de là que le préjudice résultant de la prolifération des animaux sauvages appartenant à des espèces dont la destruction a été interdite en application de ces dispositions doit faire l'objet d'une indemnisation par l'État lorsque, excédant les aléas inhérents à l'activité en cause, il revêt un caractère grave et spécial et ne saurait, dès lors, être regardé comme une charge incombant normalement aux intéressés ».

Chambre criminelle

Cour de cassation 29 June 2021. Pourvoi n° 20-82.245. Chambre criminelle - Formation de section. Publié au bulletin.ECLI:FR:CCASS:2021:CR00830. Arrêt de cassation encourue pour constat de l'absence de préjudice des parties civiles et les ayant déboutées de l'ensemble de leurs demandes indemnitaires.

Cour de cassation, chambre criminelle audience publique du 25 septembre 2012 N° de pourvoi: 11-86400. Non publié au bulletin. REJETTE les pourvois ; Décision attaquée : Cour d'appel de Dijon du 30 juin 2011. Cet arrêt illustre de ce pourquoi l'article 521-1 du Code pénal issu de la loi du 6 janvier 1999 a été adopté.

Cass. Crim., 27 juin 2006, n°05-84090, Bull. crim., n°199 : « Le délit de destruction ou d'altération du milieu particulier à une espèce protégée, défini en termes clairs et précis par les articles L. 411-1, L.411-2, R. 411-1 et L.415-3 du Code de l'environnement français, ainsi que par les arrêtés ministériels qui dressent la liste des espèces animales et végétales concernées, n'est pas subordonné à l'intervention d'un arrêté préfectoral de biotope. Il est imputable non seulement à l'entrepreneur qui exécute des travaux, mais aussi au propriétaire qui les ordonne sur son fonds ».

Crim. 18 déc. 2001, n° 01-83.078, inédit. Pour le fait de rébellion assimilé légalement à des violences.

Crim. 4 juill. 1978, n° 77-92.437, Bull. crim. n° 219. L'usage d'un véhicule jusqu'au point extrême d'un chemin carrossable constitue la circonstance aggravante lorsque l'auteur a ensuite poursuivi à pied dans la zone de chasse. Il en est de même du chasseur qui transporte dans son véhicule un sanglier abattu et non marqué (Crim. 22 mars 2005, n° 04-85.887, inédit).
Crim. 15 mars 1966, D. 1967. 591, note Bouché
Attendu qu'un préjudice direct et personnel et un droit ne et actuel peuvent seuls servir à une intervention civile devant la juridiction répressive ;
Attendu que, pour accorder 250 francs de dommages-intérêts à la fédération départementale des chasseurs de la Moselle, la cour d'appel énonce que tout acte de braconnage occasionne un dommage moral à la fédération des chasseurs ;
Mais attendu que ce prétendu préjudice moral ne constitue pas un préjudice personnel a ladite fédération, qu'il n'est, en effet, pas distinct de celui éprouve par la collectivité publique du fait de l'infraction commise et dont la réparation a été assurée par la peine prononcée contre les inculpes à la requête du ministère public ;
Que, des lors, il y a violation des textes vises au moyen ;
Par ces motifs : casse et annule par voie de retranchement et sans renvoi l'arrêt de la cour d'appel de Colmar, en date du 26 octobre 1967, en ce qu'il a alloue à la fédération des chasseurs de la Moselle une somme de 250 francs à titre de dommages-intérêts, toutes autres dispositions dudit arrêt étant expressément maintenues

Cour Administratif d'appel
- Cour administrative d'appel de Douai, 1re chambre, 15 octobre 2015, Ministère chargé de l'écologie c./Association « Écologie pour Le Havre », n° 14DA02064.

Tribunal Administratif
- Annulation partielle des arrêtés préfectoraux. Tribunal administratif de Pau, 27 mars 2008, Association SEPANSO Béarn, nos 0600036, 06011727, 0701742.

Autre juridiction
- CERTIFIED FOR PUBLICATION IN THE COURT OF APPEAL OF THE STATE OF CALIFORNIA THIRD APPELLATE DISTRICT (Sacramento) ---- ALMOND ALLIANCE

OF CALIFORNIA et al., Plaintiffs and Respondents, v. FISH AND GAME COMMISSION et al., Defendants and Appellants; XERCES SOCIETY FOR INVERTEBRATE CONSERVATION et al., Interveners and Appellants. C093542 (Super. Ct. No. 34201980003216CUWMGDS) APPEAL from a judgment of the Superior Court of Sacramento County, James P. Arguelles, Judge. Reversed.

Read More : California Court Paves the Way for Protection of Imperiled Bumble Bees and Other Insects

For Immediate Release, May 31, 2022

ANNEXE 5/

Table des matières

RÉSUMÉ

Entre 1974 et 2008, pour la seule population de lynx (espèce protégée) sur les 127 de cadavres découverts, 70% sont le fait indirect ou direct de l'Homme. En moyenne, une vingtaine de personnes sont tuées chaque année par des chasseurs depuis deux décennies. En plus des quelque 20 millions d'animaux abattus annuellement.[209]. Sont en cause les dommages liés à la cohabitation résultant de notre développement urbain, industriel et à la chasse. On n'oublie pas les conséquences du braconnage, courant en Afrique, sur la biodiversité.

Par principe de précaution, afin de sauvegarder des intérêts essentiels, il convient de recommander-aux gouvernements en particulier- de prendre, à titre préventif, des mesures conservatoires propres à empêcher la réalisation d'un risque éventuel, ceci avant même de savoir avec certitude que le danger contre lequel on se prémunit constitue une menace effective. Il est évident que la question se pose en cas d'incertitude scientifique[210]. À cet effet, il faut informer de l'insuffisance juridique en tant que moyen de protection des animaux plus particulièrement des animaux sauvages protégés[211] de la faune, de ce que : « si une espèce de la chaîne de la biodiversité disparaît c'est toute la chaîne de l'écosystème qui est menacée. L'espèce qui dépend de celle qui disparaît va disparaître aussi. Ainsi, toutes les autres espèces interdépendantes vont disparaître ». » L'Homme est un être vivant parmi des êtres-vivants ». N'ignorons pas notre interdépendance pour l'équilibre indispensable de notre écosystème. Les droits de l'humanité cessent donc au moment précis où leur exercice met en péril l'existence d'une autre espèce[212]. Halte à la chasse, une controverse environnementale, un danger pour l'homme. C'est un enjeu de la protection de l'environnement. Selon Marie-Pierre CAMPROUX-DUFFRÈNE, « celle-ci repose sur la nécessité de protéger le droit d'usage qu'a l'homme sur les choses communes, un droit non exclusif et restrictif de façon à limiter les cas de raréfaction… ». Un enjeu d'adaptation de nos pratiques aux évolutions environnementales de notre temps[213].

---

[209] Alice Clair et Julien Guillot, « Le data du jour. Plus de 400 tués dans des accidents de chasse en FRANCE depuis vingt ans », Data matin dossier, publié le 3 novembre 2021 à 12h24, https ://www.liberation.fr/societe/plus-de-400-tues-dans-des-accidents-de-chasse-en-france-depuis-vingt-ans-20211103_ZEROXZWTK5BMRNNVZRKD575KA4/, consulté le 06/11/2021

[210] Appel à communication - Colloque du 5/07/2019 : "le principe de précaution applicable dans le domaine de l'environnement et de la santé humaine en droit comparé" - Le blog des Comparatistes (over-blog.com)

[211] Une liste de ces espèces est régie par la partie législative du Code de l'environnement français, livre IV Faune et flore, Titre premier, chapitre premier, section I : *Préservation du patrimoine biologique (Articles L411-1 à L411-6)*

[212] C. Lévi-Strauss, Réflexions sur la liberté, *in* Le regard éloigné, Plon, 1983, p.371, citation p. 374.

[213] Voir aussi Christophe Privat : « Quelques réflexions sur la loi du 26 juillet 2000 (Gaz. Pal., Rec. 2000, légis. p. 473) relative à la chasse... ».Gaz. Pal. 4 oct. 2001, n°277, p. 13

ABSTRACT

Between 1974 and 2008, for the only population of lynx (protected species) out of the 127 bodies discovered, 70% are the indirect or direct act of humans. On average, around 20 people have been killed each year by hunters for two decades. In addition to the approximately 20 million animals slaughtered annually[214].This involves damage to cohabitation due to our urban, industrial and hunting development. We do not forget the consequences, of current poaching in Africa, on biodiversity.

As a precautionary principle, in order to safeguard essential interests, it is advisable - to governments in particular - to take, as a precautionary measure, suitable for preventing the occurrence of a possible risk, this even before knowing with certainty that the danger against which one protects oneself constitutes an effective threat. Obviously, the question arises when there is scientific uncertainty[215]. To this end, it is necessary to inform of the legal insufficiency as a means of protection of animals, more particularly wild animals protected from fauna[216], that : "if a species in the chain of biodiversity disappears, it is the whole chain of the ecosystem that is threatened. The species that depends on the one that disappears will also disappear. So, all other interdependent species will disappear". "Man is a living being among living beings". Let us not ignore our interdependence for the essential balance of our ecosystems. Human rights therefore cease at the precise moment when their exercise endangers the existence of another species[217]. Stop hunting, an environmental controversy, a danger to humans.

It is an issue of environmental protection. According to M.-P. CAMPROUX-DUFFRÈNE, "this is based on the need to protect the right of use that man has on common things, a non-exclusive and restrictive right in order to limit cases of scarcity..."

An issue of adapting our practices to the environmental changes of our time[218].

---

[214] Alice Clair and Julien Guillot, "The data of the day
More than 400 killed in hunting accidents in FRANCE for twentyyears ", Data morning dossier, published on November 3, 2021 at 12 :24 pm,
https ://www.liberation.fr/societe/plus-de-400-tues-dans-des-accidents-de-chasse-en-france-depuis-vingt-ans-20211103_ZEROXZWTK5BMRNNVZRKD575KA4/, consulted on 06/11/2021

[215] Call for papers - Colloquium of 5/07/2019 : "the precautionary principle applicable in the field of the environment and human health in comparative law" - Le blog des Comparatists (over-blog.com)

[216] A list of theses peciesis governed by the legislative part of the French Environmental Code, Book IV Fauna and Flora, Title 1, Chapter 1, Section I : Préservation of the biological heritage (Articles L411-1 to L411-6)

[217] C. Lévi-Strauss, « Reflections on freedom », *in* Le regard Loiné, Plon, 1983, p.371, quote p.374.

[218]Seealso Christophe Privat : "Some thoughts on the law of July 26, 2000 (Gaz. Pal., Rec. 2000, Légis. P. 473) relating to hunting..." Gaz. Pal. 4 oct. 2001, n ° 277, p. 13

DALI ABDOUL TRAORE

Enseignant-chercheur (2011-2015)en droit pénal sciences-criminelles UMR 7354 DRES à l'université de STRASBOURG

Diplômé du troisième cycle de la faculté internationale de droit comparé de Strasbourg. Titulaire, de deux diplômes de niveau Master II dont , l'un en Droit privé, spécialité Droit pénal sciences criminelles et études européennes à finalité Recherche, l'autre en détection prévention et contrôle du risque de fraude et du blanchiment de capitaux, une licence en droit privé. Titulaire de trois certificats dont, deux en droit de l'Homme, l'un de l'institut René CASSIN pour l'enseignement dans les Universités et à la recherche en matière de droit de l'Homme, l'autre, de Alma Mater Studiorum Universita Di Bologna à Bertinoro, enfin en Informatique, Internet et Liberté.

13 ans d'expériences de recherche en droit pénal sciences-criminelles, 13 ans de mandat au poste de Secrétaire général de l'association internationale des anciens étudiants de la faculté internationale de droit comparé. Auteur, principal et co-auteur d'ouvrages et d'articles parus Chez les éditions universitaires européennes et revues scientifiques (la revue juridique et politique des pays francophones d'Afrique, la revue juridique et économique Le Nemro affiliée à l'Organisation pour l'harmonisation en Afrique du droit des affaires OHADA, à l'unité de recherche UMR 7354 DRES de Strasbourg et la revue de droit des affaires internationales http://www.iblj.com/).

Printed by Books on Demand GmbH, Norderstedt / Germany